资助项目：
国家自然科学基金面上项目（No. 51474220）
国家自然科学基金重点项目（No. 51034005）

边坡的限制性剪切蠕变滑移机理

赵洪宝　李华华　著

北　京
冶金工业出版社
2016

内 容 提 要

本书以高陡岩石边坡的失稳滑移问题为出发点，以自行研制开发的试验系统为主要设备，采用实验室试验、数值模拟和理论分析相结合的方法，在对岩石的限制性剪切蠕变力学特性进行系统研究的基础上，对边坡内存在的潜在滑移面的识别和关键单元确定的问题进行了研究分析，提出了边坡潜在滑移面识别和关键单元确定的方法。对岩石在剪切蠕变过程中裂纹扩展的演化规律及裂纹扩展的力学机理进行了研究分析，确定了边坡关键单元细观渐进破坏力学特性。基于试验研究结果和进行的理论分析，提出了边坡渐进失稳破坏的理论观点，并从理论上说明了边坡失稳滑移时具有的时效特性。本书对丰富边坡滑移失稳理论和指导现场安全生产均有重要的理论意义和实用价值。

本书是一部反映高陡岩石边坡研究领域新成果的专著，可供采矿、地质、水利水电等边坡相关专业的学生及研究人员参考使用。

图书在版编目(CIP)数据

边坡的限制性剪切蠕变滑移机理/赵洪宝，李华华著．—北京：冶金工业出版社，2016. 2

ISBN 978-7-5024-6684-8

Ⅰ. ①边… Ⅱ. ①赵… ②李… Ⅲ. ①边坡稳定性—研究 Ⅳ. ①TV698. 2

中国版本图书馆 CIP 数据核字(2016) 第 034319 号

出 版 人　谭学余
地　　址　北京市东城区嵩祝院北巷 39 号　邮编　100009　电话　(010)64027926
网　　址　www. cnmip. com. cn　电子信箱　yjcbs@ cnmip. com. cn
责任编辑　李鑫雨　美术编辑　彭子赫　版式设计　孙跃红　彭子赫
责任校对　卿文春　责任印制　李玉山
ISBN 978-7-5024-6684-8
冶金工业出版社出版发行；各地新华书店经销；三河市双峰印刷装订有限公司印刷
2016 年 2 月第 1 版，2016 年 2 月第 1 次印刷
169mm × 239mm；10 印张；195 千字；150 页
39. 00 元

冶金工业出版社　投稿电话　(010)64027932　投稿信箱　tougao@ cnmip. com. cn
冶金工业出版社营销中心　电话　(010)64044283　传真　(010)64027893
冶金书店　地址　北京市东四西大街 46 号(100010)　电话　(010)65289081(兼传真)
冶金工业出版社天猫旗舰店　yjgycbs. tmall. com

前　言

随着我国国民经济的高速发展，对煤炭资源的需求急剧增加，导致煤炭年产量屡创新高，2014 年更是达到了近 40 亿吨。而作为我国煤炭工业应优先发展的露天煤矿，其产量在整个煤炭年产量中所占比例也逐渐升高，这一比例在 2014 年达到了 15% 左右。随着露天矿规模的扩大，越来越多的人工边坡涌现出来，且这些人工边坡呈现出了向着高陡化发展的趋势。人工边坡的高陡化趋势，导致这些边坡发生失稳滑移的可能性大大增加，严重威胁矿山的正常生产秩序和矿山从业人员的人身安全。因此，分析和研究高陡边坡内岩土体的变形、运动规律，并揭示高陡边坡的失稳滑移机理，越来越成为边坡稳定性评价与维护研究相关工作的重点和热点之一。

随着露天开采深度的增加和出现的人工边坡高陡化趋势，采场边坡的失稳滑移概率和安全稳定性维护的难度也会越来越大，如再与开采活动的应力重新分布、爆破震动、暴雨影响等因素叠加，发生各类导致财产损失和人员伤亡事故的可能性也将随之激增；但与此同时，露天矿中人工边坡的加高加陡，将带来煤炭采出率的增加和剥离岩土量的减少，这将在很大程度上降低露天煤矿企业的生产成本，提高经济效益。因此，必须恰当地处理边坡高陡化导致的安全生产危险性增加和企业经济效益提高这一突出矛盾。

任何经济效益的取得都必须以安全生产为前提，没有安全生产基础的经济效益都是浮云。露天矿开采必须把保障安全生产放在一切工作的首位，必须严格保证高陡化后的边坡的安全稳定。因此，全面地、系统地、深入地从不同角度研究高陡边坡的岩土体变形移动特性，建立高陡边坡失稳滑移力学模型，提出高陡边坡的滑移失稳机理，已然成为涉及边坡研究领域的重中之重。

本书的研究工作是在国家自然科学基金重点项目“大型露天煤矿

高陡时效边坡基础研究（No. 51034005）”等科研项目的大力资助下完成的。本书内容以高陡边坡内存在一潜在滑移面为基本假设，在认为滑移面附近岩土体在边坡滑移孕育、发展、发生过程中处于限制性剪切蠕变力学状态的前提下，对取自典型矿区红砂岩试样的限制性剪切蠕变特性进行了较系统的研究，获得了红砂岩试样的限制性剪切蠕变特性，提出了一种可较好描述岩石限制性剪切蠕变过程中表现出的渐进式破坏特性的本构模型（PFY 模型）。在细观尺度上，对处于限制性剪切蠕变状态的红砂岩试样破裂面的形成过程进行了观测和分析研究，掌握了破裂面形成的过程和表现出的特点。在此基础上结合数值模拟研究，提出了确定边坡内关键单元的方法，揭示了高陡边坡失稳滑移孕育、发展、发生过程中的渐进式与突变式结合的特性，并提出了边坡失稳滑移孕育过程是一个内部岩体“破坏—失衡—重分布—再平衡”的由局部的无序破坏渐进发展为整体的有序破坏的时效循环过程的观点，从一定意义上解释了高陡边坡的时效特性。希望本书内容能为有效、经济地解决边坡问题提供帮助，能为丰富边坡滑移失稳理论有所贡献。

在本书的撰写过程中，通过学术交流的形式得到了中国矿业大学才庆祥教授及其领导的科研团队的点拨和指导；得到了云南磷化集团李小双部长、昆明理工大学邓涛副教授的帮助和支持；同时，作者带领的科研团队成员李华华、王中伟、胡桂林、李伟、王飞虎等也为本书的撰写付出了辛勤的汗水，在此一并表示感谢！

本书在撰写过程中参阅了大量的相关文献和专业书籍，在此谨向其作者深表谢意！

由于作者及带领的科研团队水平所限，书中难免有所疏漏和不妥之处，敬请读者严加斧正、不吝赐教！

赵洪宝

于中国矿业大学（北京）

2015 年 10 月 23 日

目　　录

1 概　　述

1.1 引　　言

边坡是指地表面一切具有倾向临空面的地质体，是广泛分布于地表的一种地貌结构。按照边坡的成因，可将边坡分为自然边坡和人工边坡；按照边坡内的岩土体性质，可将边坡分为岩质边坡和土质边坡。随着国民经济的快速发展，各种公路铁路的建设、露天矿的开采均导致了人工边坡的数量越来越大。

在边坡工程学中，经常涉及的边坡主要参数包括坡面、坡角、坡高等，如图1-1所示。

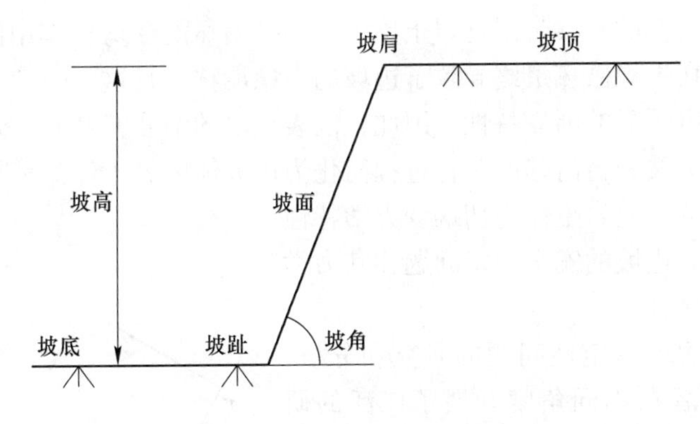

图1-1　边坡的主要参数

在边坡中，特别是人工边坡的设计中，坡高、坡角是必须着重考虑的主要参数。根据坡高、坡角两个主要参数，可将边坡做以下划分，见表1-1和表1-2。

表1-1　按坡高划分边坡

超高边坡	岩质边坡坡高大于30m，土质边坡坡高大于15m
高边坡	岩质边坡坡高介于15~30m，土质边坡坡高介于10~15m
中高边坡	岩质边坡坡高介于8~15m，土质边坡坡高介于5~10m
低边坡	岩质边坡坡高小于8m，土质边坡坡高小于5m

表1-2　按坡角划分边坡

缓　坡	坡度小于15°
中等坡	坡度介于15°~30°
陡　坡	坡度介于30°~60°
急　坡	坡度介于60°~90°
倒　坡	坡度大于90°

近年来，在各种公路铁路设施的建设、露天矿的开采中，由于受场所的限制，或是为了更多的开采出煤炭资源，越来越多的高且陡的边坡涌现出来。边坡高陡后，其安全稳定性维护工作将变得更加困难，这些高陡边坡发生失稳滑移的可能性也将大大增加，甚至导致严重的人员伤亡事故发生。因此，分析和研究高陡边坡内岩土体的变形、运动、破坏及边坡的失稳滑移规律，并揭示高陡边坡的失稳滑移机理，越来越成为边坡稳定性评价与维护等相关研究工作的重点和热点。掌握边坡体内岩土体的变形和运动规律、开发简便易用的边坡稳定性分析方法并建立边坡失稳滑移的预测模型、制定边坡安全维护的有效措施，成为露天矿开采工艺能够在适应条件下得到应用的安全保障。

边坡的岩土体在各种内外因素作用下逐渐发生变化，坡体应力状态也随之改变，当滑动力或倾覆力达到以至超过抗滑力或抗倾覆力而失去平衡时，就会造成边坡失稳滑移。边坡发生滑移时，会在边坡体内出现明显的滑移面或滑动带，且在滑移面或滑动带上出现明显的滑动痕迹。可以认为：在边坡滑移的孕育发展过程中，边坡体内部的滑移带附近岩土体内存在一明显的受剪切作用区域，这一区域岩土体的剪切失稳破坏最终导致了边坡的失稳滑移，且这一剪切失稳破坏孕育发展过程又具有明显的渐变特性。因此，以表现出的渐变特性和剪切破坏模式为依据，可以将边坡失稳滑移的孕育过程简化为边坡体内岩土体的剪切蠕变破坏发展过程，进而从研究岩土体剪切蠕变力学特性角度分析、研究边坡的安全稳定问题，其力学模型如图 1-2 所示。

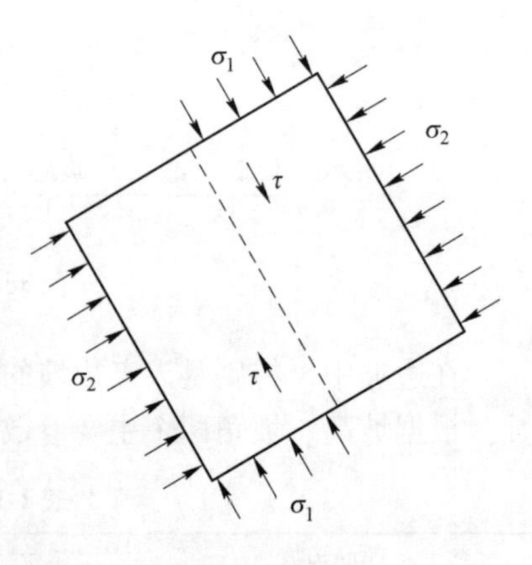

图 1-2 岩土体剪切蠕变力学模型

为了促进边坡稳定性问题的研究和分析，国内外广大学者在不同角度开展了广泛的研究，取得了丰硕的成果，建立了不同的边坡稳定分析方法，并提出了各种基于其假设的滑移机理。虽然如此，但截至目前仍没有一种方法可以解决所有类型的边坡稳定性问题。因此，从不同角度开展边坡稳定性分析与研究，并探究各种不同类型的边坡失稳滑移机理，仍非常必要。

1.2 国内外研究现状

1.2.1 岩石细观裂纹破坏机理研究现状

岩石材料内部存在着大量随机分布的微孔隙和微裂隙，使得岩石在变形破坏过程中表现出极强的非线性特征，而岩石的宏观断裂失稳也与其在变形时，内部微裂隙分布以及微裂纹萌生、扩展和聚集等因素密切相关，岩石细观力学即是研究细观尺度上岩石破裂演化过程及破坏规律的科学。

许多国外学者对岩石中裂纹的开裂、扩展演化规律及其力学机理进行了大量研究，多数研究集中在对裂隙扩展的数值分析方法上，利用数值分析模型或程序对岩石裂纹的萌生、演化和扩展进行了分析和模拟，产生很多研究裂纹扩展的数值分析方法及其对应的岩石破裂机理。

Oda M. 等（2002）提出一种利用张量来测量裂纹数量和密度的方法，提出裂纹的演化规律可以用弹性应变函数来表示，指出当岩石被加载到产生裂纹时，其裂纹密度和方向都与所定义的裂纹张量和不变量有着密切的关系，把裂隙密度定义为判断岩石破坏的指标。可以把岩石块当作一个粒状材料，其破裂变化主要由于结构的不稳定变化导致的，而不是裂纹尖端的应力集中，裂纹的发展可以分解为不连续块的相对运动（滑动和滚动）。

Golshani A. 等（2006）提出了一种基于细观力学连续损伤破坏的数值分析模型，此模型不仅可以分析宏观尺度下岩石对压力的响应机理，而且可以分析微裂隙和非弹性变形的影响，用于预测裂纹扩展，如裂纹长度和裂纹密度，具有足够的精度。

Chen Chao-Shi 等（2010）提出了一种基于单域边界元进行二维各向异性双材料线弹性断裂力学分析的计算机程序，可以有效地计算应力强度因子、裂纹开裂角、各向异性双材料裂纹的传播路径，可以相对有效地预测裂纹萌生方向和裂纹扩展路径。

Mejia Camones，Luis Arnaldo 等（2012）分析了离散单元法（DEM）在研究岩石渐进破坏机理上所起的重要作用，模拟了二维和三维裂纹扩展和贯通，研究了离散单元法在边坡渐进破坏过程中的应用，证实了其优越性。

Manouchehrian Amin 等（2012）提出了在双轴压缩载荷作用下岩石类材料裂纹扩展分析的数值方法，研究了粘结颗粒模型（BPM）和约束对裂纹扩展的破裂机理的影响。研究表明：侧部裂隙从起初的垂直于主裂纹到趋向于主应力的方向。然而，侧向应力的增加使开裂角变大，说明除了材料的类型，二次裂纹的萌生方向取决于约束应力，产生机理主要为拉伸和剪切。

在国内，岩石细观破裂过程的研究主要分为理论和实验两个方面同时发展。理论研究方面是统计细观损伤力学研究方法和数值分析方法，进行损伤统计分析，建立细观力学模型；实验研究方面主要是利用不同的测量技术，如光学显微镜观测方法、电子显微镜观测方法、声发射方法、CT 扫描等，对岩石的试验破裂过程进行观测。

唐春安和徐小荷（1990）针对岩石在加载系统作用下破裂过程的非稳定性问

题，提出了一个简单的力学模型，用尖点灾变（Cusp）模型研究了失稳过程的机理，从理论上阐明了试验机与试样的刚度比在失稳过程中的重要作用，得到了灾变时试样的突跳量与能量释放量的简单表达式。

唐春安（1997）提出了岩石破裂全过程分析系统 RFPA2D，该系统基于有限元理论和全新的材料破裂过程算法思想，通过考虑材料的非均匀性来模拟材料的非线性，通过单元的弱化来模拟材料变形、破坏的非连续行为，将细观力学方法与数值计算方法有机地结合起来，研究细观损伤到宏观破坏的全部过程。

尚嘉兰等（1999）利用扫描电镜（SEM）对岩石在单轴压缩状态下的细观损伤破坏进行了观测，研究了其微损伤的萌生、扩展、连接甚至破坏的行为，分析了岩石的细观破坏机理，及其与宏观力学行为的关系。

肖洪天等（2001）研究了岩石微裂纹的闭合、滑移、扩展以及相互作用的过程，将岩石的宏观变形分解成三部分：岩石介质的变形，张开裂纹闭合、滑移引起的变形和由于分支裂纹形成产生的变形，建立了脆性岩石的细观力学模型。

葛修润等（2001）利用最新研制的与 CT 机配套的专用加载设备，对岩石破坏全过程的细观损伤扩展规律进行了动态 CT 试验，得到了在不同荷载水平下，岩石从微空洞被压密到微裂纹萌生、分叉、发展、断裂、破坏直到卸载等阶段的清晰 CT 图像，并通过分析试验数据，探讨了损伤扩展的初步规律。

刘冬梅等（2006）采用实时全息干涉法研究了单轴压缩和压剪作用下，岩石破坏过程中微裂纹的演化路径和扩展速率，并进一步探讨了细观损伤演化与宏观力学响应的关联。

杨圣奇等（2009）采用扫描电镜实时观测系统，对含单个孔洞大理岩进行了单轴压缩试验，实时观测了大理岩加载过程中裂纹的萌生、扩展、演化和贯通特征，获得了不同应力下大理岩裂纹扩展过程。采用岩石破裂过程分析系统，进一步对两种非均质岩样进行了数值模拟分析，再现了两种晶粒大理岩试验过程中裂纹的扩展特征，表明非均质性对岩样中裂纹扩展特征具有较大的影响。

许江等（2011）研究了砂岩在剪切荷载作用下，微裂纹的开裂、扩展过程，及其破坏后细观裂纹的分布特征，借助图像处理技术，探讨了砂岩在剪切荷载作用下微裂纹的时空演化规律，指出砂岩的开裂、扩展是在相对较短的时间内完成，较明显的开裂、扩展过程多发生在峰值应力后的破坏阶段，开裂、扩展方向具有一定的不规则性。

包春燕等（2012）采用 RFPA 数值模拟方法，研究了单轴拉伸作用下，层状岩石表面裂纹的形成模式及其机理，再现了微裂纹从萌生、扩展、贯通、成核、填充到饱和的全过程，以及层间剥离现象，指出产生层间开裂的裂纹间距比没有层间开裂的裂纹间距大。通过对层间的应力传递过程随着裂纹间距变化规律的探讨，研究此过程的应力传递模式。

1.2.2 边坡潜在滑移面研究现状

边坡潜在滑移面是边坡稳定性研究的重要参考依据，是边坡失稳的危险面。关键单元是边坡潜在滑移面上首先发生破坏，或对潜在滑移面的演化起重要作用的单元。关键单元的破坏将导致边坡裂纹的扩展和贯通，形成边坡的宏观破坏。因此，边坡潜在滑移面识别和关键单元确定方法对于研究边坡稳定性的意义重大。许多国内外学者对此做了大量研究工作，得出了许多宝贵的理论和实践知识。

国外学者多从概率分析和优化的角度出发，利用线性规划、非线性方法、可靠度分析方法、概率抽样方法等数学分析方法，充分考虑了岩体的非均质性和不确定性，对临界滑动面的判别和安全系数的确定进行了大量研究，使滑动面的确定方法更加简便有效，滑动面识别度更加可靠。

Toufigh M. M. 等（2003）利用非线性规划方法对三维临界滑动面形状的确定进行了研究，通过建立四边面元素网格的三维模型，确立力矩平衡方程，建立非线性规划的目标函数，以此来获得最危险滑动面的形状和边坡安全系数，弥补了二维优化方法的不足。

Sarma S. K. 等（2006）提出一种基于压力可接受性标准的极限平衡方法，利用岩土材料的承载程度，合理设置压力可接受性标准，以此为先决条件得到非线性方程组，来确定临界滑动面。这比优化技术方法更高效，可用于均匀和不均匀边坡的研究。

Xue Jianfeng 和 Gavin Ken 等（2007）提出了一种利用可靠性方法和遗传算法来解决临界滑动面位置以及安全系数的方法，考虑了岩土性质的随机性不确定性，用置信度指标来确定材料破坏程度，合理确定安全系数和临界滑动面位置。

Ching Jianye 等（2009）提出了一种新的判断潜在滑移面的方法，利用评价边坡可靠性的概率抽样技术，规范抽样概率密度函数，证明了新方法的可靠性，弥补了 Monte Carlo 优化（MCS）方法在小失效概率方面的不足。

Kalatehjari Roohollah 等（2011）利用非线性 Particle Swarm 优化算法（PSO），简化了 Bishop 法，优化了临界圆弧滑动面的搜索技术，解决了临界圆弧滑动面的极限平衡的边坡稳定分析问题，证实了方法的可靠性，具有合理的精度。

Hajiazizi M. 等（2012）采用三维交替变量局部梯度（TDAVLG）优化方法，优化了非球面三维临界滑动面，使确定的临界滑动面更符合自然实际滑移面。这种优化方法可以使任何不同类型的边坡初始滑移面转化为非球面临界滑移面，解决了三维临界滑动面难以确定的问题。

我国学者对边坡潜在滑动面的确定做了大量的理论和实践研究工作，多从弹塑性破坏准则和强度指标出发，考虑到了临界滑动面岩体的非线性特征，并结合数值模拟软件，对边坡滑移面进行研究，得出许多行之有效的理论。

朱大勇等（1999）针对岩体介质的特殊性，如不连续性、各向异性及非线性破坏准则，提出了建立岩体边坡临界滑动场的计算方法（CSF 法），并将其应用于峨口铁矿露天矿边坡的设计，大大提高了设计工作效率与计算精度。

朱以文等（2005）发展了一套基于滑移线场理论，并根据有限单元法的计算结果来确定边坡滑裂面的数值模拟方法，在此基础上研究了流动法则对边坡稳定分析的影响。该方法可以考虑弹性区与塑性区的区别，并可以考虑不同的流动法则，给出了滑移线方向场数值模拟的具体方法和由滑移线方向场追踪滑移线的方法，提出安全系数最小的滑移线即为边坡的滑裂面，并证明了方法的有效性。

朱以文等（2007）采用梯度塑性理论，提出了一种 8 节点缩减积分的梯度塑性单元，并采用梯度塑性理论推导了 Drucker-Prager 屈服准则的软化模型的有限元格式，在 ABAQUS 中进行了二次开发，用 ABAQUS 软件进行了边坡剪切带的计算。

张雷等（2009）提出在结构面中滑动带形成时，通过组合优化理论利用粘弹塑性有限元计算结果，在单一结构面或结构面的组合中，寻找潜在的最危险滑面，而不是人为假定；并运用组合优化方法中的 Dijkstra 算法确定了最危险面和面 FS 值，得出在考虑结构面的流变特性时，用应变作为安全因子得出的解将是最能反映实际情况的结论。

荆志东等（2010）基于应力影响系数法，在荷载作用下对均质岩高边坡三维临界滑动面形态及位置进行初步判别，研究各因素变化对临界滑动面分布形态的影响，得出荷载作用下均质岩高边坡空间临界滑动面主要发生在基础前侧区域，约为一不规则楔体，楔体尺寸与桥基尺寸、坡度及桥基距离有关，其中桥基距离影响最大，荷载强度对滑动面形态无影响。

沈银斌等（2011）针对岩体介质非线性破坏特点，采取国际广泛应用的建立在地质强度指标（GSI）法基础上的 Hoek-Brown 屈服准则，建立了基于广义 Hoek-Brown 破坏准则的边坡临界滑动场计算的新方法，并将该方法应用于两个算例和一个工程实例边坡的稳定性分析，证实了方法的有效性。

杨光华等（2012）基于数值分析方法，结合变模量弹塑性强度折减法，得到了滑坡体的应力场和位移场，从应力场和位移场判断出滑坡的破坏类型，确定了最优的加固位置，通过典型边坡计算分析，证实方法合理可行。

Li Liang 等（2013）提出了一种新的确定边坡临界滑动面的方法，该方法是原临界滑动场方法的扩展，新方法中考虑了总残余力矩项以及非圆形滑动面出口端的不平衡推力，采用协同优化和搜索算法，确定临界滑动面和最大安全系数，通过对实际边坡的评估，证实了新方法的实用性。

1.2.3 露天矿边坡稳定性分析研究现状

露天矿边坡稳定性研究历来是露天矿安全生产的关键技术问题，并一直是岩石力学等相关学科的基本命题。回顾历史，露天矿边坡稳定性研究经历了由经验到理论，由定性到定量，由单一评价到综合评价，由传统理论和方法到新理论、新方法、新技术的发展过程，对确保矿山边坡稳定起到巨大作用。

目前，边坡稳定性分析方法可分为定性分析方法、定量分析方法和不确定性分析方法。定性分析方法包括地质分析法、工程地质类比法、图解法、边坡稳定专家系统等；定量分析方法包括极限平衡法、有限单元法、边界单元法、离散单元法、块体理论和不连续变形分析、物理模型方法和现场监测方法等；不确定性分析方法包括系统分析方法、可靠度分析方法、灰色系统方法、模糊数学方法、分形几何方法、神经网络方法等。

自 20 世纪 60 年代以来，国外对边坡工程稳定性的研究进入第三阶段。研究人员以极限平衡理论和有限单元法为基础，将岩体视为粘弹性、弹塑性或具有裂隙的脆性介质，展开对岩体非均质、各向异性和非连续性的研究，对岩体应力应变关系及岩体流变特性时间效应的研究。目前，许多国外学者不是单纯利用有限单元数值计算方法对边坡稳定性分析，而是利用与概率方法相结合的数值方法，充分考虑到了岩体的非均质和非连续性。

Petterson（1915）提出只考虑摩擦力、不考虑粘结力的圆弧滑动面的分析方法，即早期的极限平衡法。之后，Fellenius（1936）、Taylor（1937）、Bishop（1955）、Morgenstern-Price（1965）、Janbu（1973）、Spencer（1973）、Sarma（1979）等很多学者致力于对条分法的改进，针对不同的情况，提出了多种极限平衡法，得到了广泛的应用。

Dolezalova M.（1991）利用有限元（FEM）方法，并结合现场测量，对 Carlsbad Springs 附近的两个露天矿进行长期研究，结果证明有限元方法和现场测量的交互运用对矿山技术、环境和经济问题的解决具有很重要的作用。

Singh V. K.（1994）利用二维有限差分数值模拟方法对一露天铜矿的边坡进行稳定性研究，修正岩石材料力学参数，确定断层节理的主方向，研究结果表明深度为 148m 的露天铜矿工作帮帮坡脚可以稳定在 60°，为露天矿的设计提供了理论依据。

Griffiths D. V.（2004）利用概率方法和有限元分析方法，提出了随机有限元法（RFEM），这种方法采用弹塑性结合随机场理论，简化了概率分析，避免了人为搜索临界破坏面导致的概率上的偏估计量，比传统的概率边坡稳定性分析方法更具优越性。

Yarahmadi Bafghi A. R.（2005）基于 Sarma 方法提出研究裂隙岩体稳定性分

析的关键组方法，并且将岩体的不确定性考虑在系统中，在方法框架中并入一次二阶矩阵（FOSM）和 ASM 概率方法，替代了以往确定性方法，进行了岩质边坡的可靠性分析研究。

Mendjel D.（2012）阐述了极限平衡方法的优势和不足，指出确定临界破坏面和安全系数（FOS）的难度，并提出了非线性反演分析的遗传算法（GA），通过求解非线性平衡方程来识别临界破坏面以及确定相应的安全系数，为 Bishop 简化方法提供了更为便捷的基础条件。经过实践证实此方法行之有效。

20 世纪 80 年代之后，我国边坡工程稳定性研究进入第四发展阶段。国内学者采用数值模拟方法逐步从定性过渡到定量研究边坡工程的变形和破坏发展机理，结合现代学科有关理论，如系统论、非线性科学等，使边坡工程稳定性的研究进入一个新阶段。

郑颖人等对极限平衡法与有限单元法做了大量研究工作：2001 年在基于极限平衡的解析法上，导出了多阶斜坡的稳定安全系数与滑裂面角度的计算公式和各种条分法的统一计算公式，简化了极限分条的难度，提出了两种用有限元法求边坡稳定安全系数的方法：一种是极限平衡法，一种为有限元强度折减法；2003 年采用弹塑性有限元强度折减系数法分析了岩质边坡的稳定与破坏机理，利用此法由程序自动求得滑动面及相应的稳定安全系数，以此为基础的弹塑性数值分析有助于对岩质边坡破坏机理的了解，为岩质边坡稳定分析开辟了新的途径；2004 年对有限元强度折减法的计算精度和影响因素进行了详细分析，包括屈服准则、流动法则、有限元模型本身以及计算参数对安全系数计算精度的影响，并给出了提高计算精度的具体措施，并证实了方法的可靠性；2006 年总结了有限元极限分析法的优点，介绍了有限元极限分析法从二维扩大到三维，从均质土坡、土基扩大到有节理的岩质边坡与岩基，从稳定渗流扩大到不稳定渗流，从边坡与地基工程扩大到隧道等应用范围，为边坡稳定性分析方法指出了方向。

冯夏庭等（1995）应用智能科学理论和控制论的思想，提出了露天矿边坡稳定性分析的智能模型，讨论了一种新的知识表示方法和实现边坡稳定性分析的问题求解新机理，结合了框架、规则、神经网络、数学模型的面向对象和综合集成的方法，对边坡稳定性分析进行了研究，表明运用该模型对实际边坡进行破坏模式识别与实际相吻合。

王庚荪（2000）研究了边坡的渐进破坏过程对边坡稳定性的影响，提出了新的接触单元模型并用来模拟滑动面的接触摩擦状态，模拟边坡的渐进破坏过程和进行稳定性分析，得出考虑渐进破坏过程所求得的稳定性安全系数比常规的不考虑渐进破坏过程的有限元分析所得的安全系数要小。

朱大勇（2008）将基于滑面正应力分布的二维极限平衡显式解法推广到三维边坡稳定性分析，提出适合一般形状空间滑面的三维边坡稳定性简便计算方法，克服了目前条柱法存在的一些难以解决的困难。

王金安等（2013）在杏山铁矿露天高陡边坡实测地应力数据的基础上，采用多元线性回归方法，采用了非线性的神经网络反演方法，实现分区域反演，得到整个矿区的地应力场。研究表明，在复杂地质条件下，神经网络方法反演出的初始地应力分布更加合理。

1.2.4　边坡的稳定性研究现状

边坡一般是指具有倾斜坡面的土体或岩体。由于具有倾斜坡面，在坡体自重和坡体可能受到的其他外力作用下，边坡体具有向下滑移的趋势。边坡体内可能存在一个潜在的滑移面，且使得边坡的向下滑移沿着此面发生。

边坡一旦发生滑移，将会造成严重的灾害和事故。因此，判断边坡是否处于稳定状态，就显得越来越重要。但是，至今为止，尚没有对边坡的滑移做出严格的科学定义，只能是从不同的角度对边坡是否处于稳定状态进行判断，主要有：

（1）从应力判断：边坡体自形成以来，就处于一定的应力环境中，所处的这一应力环境的应力大小，将对边坡体内的岩土体产生明显的作用。这时，从表征岩土体变形与所受应力的关系出发，建立判断岩土体稳定与否的强度准则，可以用边坡体内岩土体的稳定与否判断整个边坡体的稳定情况，这就是从应力角度判断边坡体的稳定。在边坡稳定性分析评价中，最大正应变准则、莫尔准则和库仑准则是应用最为广泛的。

（2）从位移判断：边坡体内的岩土体发生变形或移动，就是边坡体的位移。边坡体的位移可能是由边坡体内岩土体的变形产生的，也可能是边坡体的整体移动产生的，这些变化是边坡体稳定性最直观的反映。因此，通过监测边坡体的位移来判断边坡体的稳定性，就相对直观且简单明了。通过持续的监测，可以得到边坡体内岩土体质点产生位移的时间、空间演化规律，这些资料可以用来判断边坡体内岩土体的稳定性。这也越来越成为人们监测边坡稳定性、判断边坡稳定性所处的状态的最主要的手段。

（3）依据安全系数判断：安全系数也称为稳定系数，是滑动面上的抗滑力（矩）和滑动力（矩）的比值。安全系数没有固定的取值，应根据不同的实际情况，分别确定。对于同一边坡体，在选取安全系数时，也应考虑时间因素而确定不同的安全系数。安全系数的确定通常采用数值计算法或专题论证的方法确定。

随着科学技术的发展，对边坡稳定性的研究也逐渐的深入，可用于研究和判断边坡是否处于稳定状态的技术手段也日新月异。常用的边坡稳定性的研究方法包括：

（1）经验法：此类方法主要是根据科研人员经验或类似工程的类比进行，主要包括工程地质类比法、专家系统法等。如陈新民等进行了边坡稳定性类比评价的定量实现研究，提出了一种定量开发利用经验知识的新方法，并进行了成功应用；夏元友等进行了基于实例类比推理的边坡稳定性评价方法研究，基于工程经验提出了一种新的归一化效用函数，并定义了一种新的实例类比推理计算方法；吕小平等进行了岩石边坡稳定性结构模式类比评价方法研究，提出了岩石边坡稳定性结构模式类比评价法；李梅等进行了基于案例推理的边坡稳定性评价系统及应用研究，提出了边坡案例的表示、索引、检索和调整模型，并开发了基于案例推理的边坡稳定性评价系统。

（2）数学方法：研究边坡稳定性时，最常用的数学方法是数理统计法。运用数理统计的知识，对边坡失稳演化过程中的参数进行分析，找到决定边坡失稳的关键因素和特征数值。在实际的应用中，最常见的方法是数理统计的知识结合可靠性分析提出的可靠度分析法、数理统计的知识结合灰色理论产生的灰色系统分析法、模糊数学分析法等。如宋亮华等进行了基于重整化群与模糊可靠度法的边坡稳定性分析研究，得到了三维情况下露天边坡失稳破坏的临界概率，并结合可靠度分析法计算了露天边坡的失稳概率；付晓东等进行了基于矢量和非连续变形分析的滑坡安全系数计算方法研究，结合数值软件 DDA 动力迭代和接触力计算的具体特点，提出了适合 DDA 的滑动方向与安全系数的计算方法；蒋海飞等结合 Flac3D 软件进行了考虑岩土体蠕变特性的边坡长期稳定性研究，根据蠕变曲线的位移变化规律，确定了边坡的长期稳定性系数。

（3）定量分析法：这类方法的主要依据是监测结果，根据对监测结果的分析，做出是否处于稳定状态的结论，从而预测边坡稳定性发展的总趋势。常见的方法包括地质分析法，极限平衡法和有限元、边界元及离散元等数值方法，如时伟等通过 Flac 软件数值模拟研究了岩质生态边坡稳定性影响因素的权重问题，通过计算安全系数分析了多因素单一作用下的边坡稳定性问题；郑允等进行了基于 UDEC 的岩质边坡开挖爆破点拟静力稳定性计算方法研究，提出了一种计算岩质边坡爆破开挖情况下，边坡安全系数的节点拟静力法；倪彬等基于 Slide 软件对露天采场边坡的稳定性进行了分析研究，找到了边坡失稳的主控因素；陈正垚等进行了基于应变强度分布准则的边坡稳定性分析研究，采用基于有限元和离散元的计算软件 CDEM 对均质边坡的稳定性进行了分析研究。

（4）物理模拟法：这类方法主要从实验室展开，是按照一定比例、以相似材料为介质构建边坡模型，从而研究构建模型的破坏机理及过程。常用的方法是相似模拟法、底摩擦试验法等。如朱建明等进行了露井联采下边坡稳定性的相似模拟研究，分析了安太堡露天矿南帮边坡的破坏模式以及边坡的沉降变形规律；O. P. 乌帕德亚雅等进行了以相似材料模拟方法分析不连续面对露天矿边坡稳定性的影响研究，证明了相似模拟研究在边坡稳定性分析里的有效性；来兴平等进行了 PRCM 模型材料在边坡稳定性模拟实验中的应用研究，研制了 PRCM 模型材料，制作了标准岩样；黄涛等进行了地表水入渗环境下边坡稳定性的模型试验研究，通过相似模拟试验研究，得出了均质边坡稳定性与地表水入渗量历时关系曲线。

1.2.5 岩体流变特性与边坡时效性特征研究现状

边坡在形成之后，随着时间的推移，其内部特性会不断发生变化，其变形机理和力学模型是研究边坡稳定性问题的重要理论基础。边坡时效特征的基础为岩体的流变特性，岩石流变力学特性的研究备受岩石力学研究工作者的重视。

目前，国内外对边坡时效特征的研究工作进展较快，特别是利用实测试验资料反演流变模型参数，进而发展到对未知模型的辨识等。研究人员多从流变力学实验入手，结合数值模拟和现代科学理论方法，如非线性科学、概率分析、系统论、模糊方法等，综合分析边坡地质参数和变形特征随时间的变化情况。

Elsoufiev S. A. 等（1999）研究了边坡的非线性变形和边坡上覆载荷作用下的极限状态，利用非线性非定常蠕变和损伤本构方程解释了边坡的时效特征，并利用所得结论对边坡工程的计算公式提出了建议，为工程应用提供了理论支持。

Cristescu N. D. 等（2000）提出了一种蠕变流动模型，用以解释自然滑坡的蠕变规律。模型的边坡材料服从非均质 Bingham 模型，用二维非线性理论研究了屈服应力随深度发生的非线性分布，制定了边坡蠕变流动临界标准。

Bruckl E. 等（2005）研究了重力蠕变岩质边坡从蠕动开始到快速蠕动的变化过程，考虑到边坡表面的滑动和上覆载荷的变化造成的不稳定性，提出了利用亚临界裂纹扩展、滑动面平滑渐进、岩体的渐进损伤破坏来控制边坡蠕变过程的方式，模拟了四个实际边坡的变化过程，并进行了预测。

Varga A. A.（2006）从概率分析、多情景分析和事件树的角度出发，研究了边坡蠕变运动的不确定性，对复杂边坡蠕变运动的边坡地质模型和风险分析的过程做了评价。

Baba Hamoudy Ould 等（2012）引入了非侵入性的 2D 图像分析技术和粒子图像测速技术（PIV），利用此项技术并结合大型形似模拟研究了液压应力和载荷在重力方向分量对边坡蠕变的影响，证实了此方法的有效性和推广潜力。

夏熙伦等（1996）叙述了岩石的压缩蠕变试验及方法，将蠕变强度和瞬时强度作了比较，通过拟合蠕变曲线经验公式和理论分析，得到了蠕变理论模型及其参数。利用开发出的岩质边坡稳定性流变分析微机软件，进行了模拟边坡开挖过程的粘弹性有限元分析，表明当应力水平低于屈服应力时，可采用广义开尔文模型来描述；当应力水平高于屈服应力时，可采用西原模型来描述。

陈有亮（2000）分析了岩体高边坡滑移与失稳的过程与机理，探讨了影响岩体高边坡稳定的主要因素，并将系统科学的方法用于岩体高边坡的稳定性分析，表明岩体高边坡的滑移与失稳过程是一个复杂的过程，既有必然性又有随机性，受诸多因素的制约。非线性灰色预测方法在滑坡预测中有较好的应用前景。

徐平等（2002）对三峡工程船闸区岩体及结构面现场蠕变进行了研究，考虑施工开挖卸荷对边坡岩体的扰动影响，进行了施工期和运行期边坡流变稳定性的数值分析，对高边坡流变稳定性做了评价，实践证明分析结果的可靠性。

杨天鸿等（2004）以抚顺西露天矿北帮边坡为例，分析了边坡变形规律和破坏机理。在弱层流变试验的基础上，建立了弱层流变力学模型。通过确定加速蠕变阶段来临的极限应变量和应变速率，建立了弱层长期强度的时间效应方程，对于不同的边坡工况进行了动态稳定性评价，为控制边坡的蠕动变形破坏发展提供了科学依据。

孙钧（2007）进行了岩石工程流变学问题研究、软岩和节理裂隙发育岩体的流变试验研究、流变模型辨识与参数估计等发展情况，指出了岩石流变力学对工程实践的重大意义，提出岩石非线性流变力学的复杂性和重要性。

杨圣奇采用试验研究、理论分析和数值模拟相综合的研究方法。基于岩石的三轴流变试验，及岩石的应变强度理论和岩石强度的随机统计分布假设，采用损伤力学理论，研究了岩石流变力学特性，建立了岩石非线性流变本构模型；基于模型辨识方法对泥岩粘弹性剪切蠕变进行了研究，获得了粘弹性剪切蠕变模型和不同时间尺度下的泥岩粘弹性剪切蠕变参数；并将岩石流变力学特性的研究成果应用到重大水利水电岩石工程实践中，效果良好。

赵宝云等（2013）研究了红砂岩蠕变特性，对红砂岩进行了单轴压缩蠕变试验，以试验结果为基础，建立了非线性粘弹塑性蠕变模型，并基于 BFGS 非线性优化算法对该模型参数进行了识别。

1.2.6 突变理论在岩土体研究领域的应用

自突变理论被提出以来，它被广泛地应用于物理学、工程学等学科领域。突变理论具有深厚的数学基础，而岩土体的失稳破坏又恰恰是一种突变现象，所以突变理论在涉及岩土体的领域内的应用，尤为广泛。突变理论模型，是一种三维图像，由两维控制变量和一维状态变量组成，具有很强的几何直观性。特别是尖点突变模型，对很多岩土体的失稳给出了较深刻的解释和分析。突变理论在涉及岩土体研究领域的应用主要包括：

（1）突变理论在建立岩土体本构关系方面的应用：赵万春等进行了水力压裂岩体损伤破裂折迭突变模型研究与其应用研究，基于能量守恒原理建立了压裂岩体损伤的张量型折迭突变模型，分析了水力压裂岩体损伤突变能量释放量的变化规律；左宇军等进行了受静载荷作用的岩石动态断裂的突变模型研究，建立了受静载荷作用的岩石内部裂纹在应力谐波扰动下扩展的双尖点突变模型；潘岳进行了岩石破坏过程的折迭突变模型，认为根据能量平衡原理建立的岩石破坏的数学模型可归结为折迭突变模型；王连国等进行了岩石渗透率与应力、应变关系的尖点突变模型研究，运用突变理论建立了岩石渗透率与应力、应变关系的尖点突变模型，且该模型可以很好的表述渗流条件下岩石应力、应变关系；刘健等进行了基于灰色理论的基岩裂缝开度尖点突变模型研究，成功将灰色理论与尖点突变理论结合起来，并较好的用于裂缝开度的分析等。

（2）突变理论分析岩土体失稳方面的应用：高明仕等应用突变理论，建立了煤矿柱受载失稳发生冲击矿压的尖点突变模型，得到了在刚度比和全位移两个变量控制空间下煤柱失稳发生冲击矿压的分歧点集；郭文兵等进行了走向条带煤柱破坏失稳的尖点突变模型研究，应用突变理论建立了走向条带煤柱滑移破坏失稳的尖点突变模型；祝云华等进行了深埋隧道开挖围岩失稳突变模型的研究，运用突变理论探讨了深埋隧道失稳的机制，建立了隧道失稳的尖点突变模型，并导出了失稳的力学判据条件；张黎明进行了岩体动力失稳的折迭突变模型研究，建立了两体系统动力失稳的折迭突变模型，给出了岩体动力失稳问题的一般方程；李明等进行了基于尖点突变模型的巷道围岩屈曲失稳规律研究，认为尖点突变模型能有效地预测片帮型煤矿巷道的冲击矿压危险性；张明等进行了准脆性材料破裂过程失稳的尖点突变模型，推广了基于 Weibull 分布而建立的特殊的破裂过程失稳的尖点突变理论模型，得到了材料破裂过程的失稳条件、失稳开始时系统的总变形、失稳前后的变形突跳和系统能量释放的一般表达式等。

（3）突变理论在边坡工程方面的应用：姜永东等进行了边坡失稳的尖点突变模型研究，在考虑内外因素对边坡稳定性的影响下，建立了完善的尖点突变模型；同时还开展了层状岩质边坡失稳的燕尾突变模型研究，建立了完善的边坡失稳燕尾突变模型；李凯等开展了以尖点突变模型为边坡临界失稳的判据研究，以突变理论为基础，建立了水平方向最大位移和折减系数的尖点突变模型，并以此为临界失稳的判据；王志强等进行了斜坡失稳及其启程速度的折迭突变模型研究，认为临滑坡体剪切形变能释放量可以用折迭突变模型中的几何图形来表示，建立的模型可以用来描述缓动式滑坡；夏开宗等进行了考虑突变理论的顺层岩质边坡失稳的研究，构建了边坡的尖点突变模型，分析了顺层岩质边坡失稳的力学机制；田卿燕等进行了基于灰色突变理论的块裂岩质边坡崩塌时间的预测研究，建立起了灰色—突变预测模型，并进行了实际应用研究等。

1.3　背景和研究意义

1.3.1　背景

边坡是自然或人工开挖形成的斜坡，是人类工程活动中最基本的地质环境之一，也是工程建设中最常见的工程形式。作为全球性三大地质灾害之一的边坡失稳滑移，严重危及国家财产和人们的生命安全。随着我国基础建设的大力发展，在矿山、水利、交通等部门都涉及大量的边坡问题。

露天矿边坡是露天采矿工程活动形成的一种特殊结构物，它经受各种自然营力的作用和露天开采工艺的影响。在我国各类露天矿山开采过程中，边坡岩体安全性是制约矿山生产效益最主要的影响因素，而露天开采的产量所占资源开采的比重也相当大，铁矿石露天开采占90%左右，有色金属矿石占52%左右，化工原材料近似100%，露天煤矿占15%左右。另外，随着我国经济的快速发展，露天矿规模迅速扩张，不仅边坡工程越来越多，而且逐渐向高陡方向发展。采场边坡高达数百米，排土场边坡大多超过100m，有的设计高度达300m以上。边坡高度的增加、边坡角度的增大、工程条件的多变等都给边坡问题的解决造成了更大的困难，使得边坡暴露高度、面积及维持时间不断增加，造成边坡稳定性问题日益突出且更加复杂，对矿山的正常开采以及人员的安全构成了极大的威胁。例如1983年5月，加拿大高山矿出现滑坡；2013年2月，菲律宾煤矿发生滑坡事故，造成至少5人死亡；2013年4月，美国宾汉姆峡谷矿场发生滑坡，造成矿山大约三分之二坑基道路和建筑物被掩埋；1985～1988年间抚顺西露天矿发生多起滑坡，造成了巨大的经济损失；2006年10月，神华北电胜利露天矿发生多次滑塌，破坏了运输道路，给生产带来了严重的影响；2013年11月，山西交口县露天煤矿发生滑坡，造成2人死亡1人受伤。

另一方面，随着露天矿开采速度的增大，露天矿边坡稳定性又遇到了新的问题。工作帮边坡会阶段性地被推进，而非工作帮也会被废石覆盖，使得边坡的存在时间发生了变化，继而造成边坡维护时间随之改变。在露天矿边坡设计中，设计人员需要根据边坡的服务时间进行安全性设计，设计依据即为边坡稳定性的时效特征。这一新问题的出现突显了对边坡的时效特征进行研究的重要性。

目前，世界各地边坡滑移灾害一直存在，还无法得到很好的解决。随着工程实践的发展，露天采矿面临着很多新困难和挑战，如何经济有效地保障露天矿边坡工程的稳定性成为日益突出和亟待解决的技术难题。

1.3.2　研究意义

边坡稳定性的影响因素有很多，包括边坡岩性、岩体结构、水、地壳运动、开挖、地表荷载和爆破等。这些因素对边坡产生的影响可以归结为边坡稳定性在时间上的发展发生了变化。因此，边坡问题的本质为边坡变形发展及渐进破坏随时间的变化情况。

边坡时效特征是边坡当前状态下边坡的变形与时间的关系，边坡的状态因素中最重要的因素为上覆载荷大小及方向。因此，研究边坡的时效特征的基础任务是研究边坡的上覆载荷大小与边坡变形破坏的时间特征之间的关系，建立动态变化的上覆载荷大小与边坡破坏时间之间的对应关系。将边坡的服务时限考虑为边坡破坏的极限点并考虑安全系数，以此为依据对边坡工程稳定性维护参数进行优化，使边坡工程在安全问题上得到最有效且经济的解决，这对边坡工程具有重大的理论意义和经济价值。

本书依托国家自然科学基金重点项目“大型露天煤矿高陡时效边坡稳定性理论研究”，重点研究基于剪切蠕变的露天矿边坡时效特性，掌握露天矿边坡上覆载荷时效特征及边坡关键单元细观渐进破坏规律，建立边坡渐进破坏时效模型，为有效且经济地解决边坡问题提供理论支持和实践指导。

1.4　本章小结

本章主要结合前人的研究成果，对露天矿边坡稳定性分析、边坡潜在滑移面、岩石细观裂纹破坏机理、边坡时效性及岩体流变特征、突变理论在岩土工程中的应用等方面的研究现状进行了阐述，并提出了本书的研究内容、研究思路、需要解决的关键问题以及所采用的研究方法。

2 岩石的剪切与蠕变力学特性

岩石是自然界里多种矿物的集合体，可以认为是一种非均质多孔材料。岩石内部存在的微结构，使得岩石在不同的受载条件下表现出不同的力学特性，而这些不同的力学特性逐渐成为岩石力学研究领域的关注点。岩石工程领域常提到的岩石力学特性主要包括：单轴抗压强度、三轴抗压强度、点荷载强度、抗拉强度、抗剪强度、残余强度和蠕变力学特性等。在采矿、地质等基础工程中，岩体在承受拉、压、剪或复合荷载作用下，往往会发生拉伸、剪切失稳，特别是那些受长时间载荷作用的岩体，其发生失稳破坏的可能性会随着时间的延长而增加。根据第三强度理论，引起材料塑性屈服破坏的主要原因是最大剪应力，即无论材料处于何种应力状态，只要构件内危险点处的最大剪应力达到单向拉伸时发生塑性屈服破坏的极限剪应力，该点处的材料就会发生塑性屈服破坏。因此，研究岩石在剪切作用或长时载荷作用下的力学特性，尤为重要。

2.1 岩石的剪切力学特性

岩石在剪切应力作用下表现出的力学特性，称为岩石的剪切力学特性。岩石在剪切荷载作用下达到破坏前所能承受的最大剪应力称为岩石的抗剪强度。根据岩石所处的剪切应力环境的不同，将岩石的剪切强度分为非限制性剪切试验和限制性剪切试验两类。

2.1.1 非限制性剪切试验

非限制性剪切试验是在剪切面上只有剪切应力存在且没有正应力的情况，也就是通常意义上所说的纯剪切情况。典型的非限制性剪切强度试验有如图 2-1 所示的四种情况。

如果将非限制性剪切强度记为 S_0，则剪切强度分别可由下述公式计算获得：

单面剪切：

$$S_0 = \frac{F}{A} \tag{2-1}$$

双面剪切：

$$S_0 = \frac{F}{2A} \tag{2-2}$$

冲击剪切：

$$S_0 = \frac{F}{2\pi ra} \tag{2-3}$$

扭转剪切：

$$S_0 = \frac{16M}{\pi D^2} \tag{2-4}$$

式中　F——试样被剪断前达到的最大剪力，N；

A——试样沿剪切方向截面积，m^2；

M——试样被剪断前达到的最大扭矩，N·m；

D——试样的直径，m。

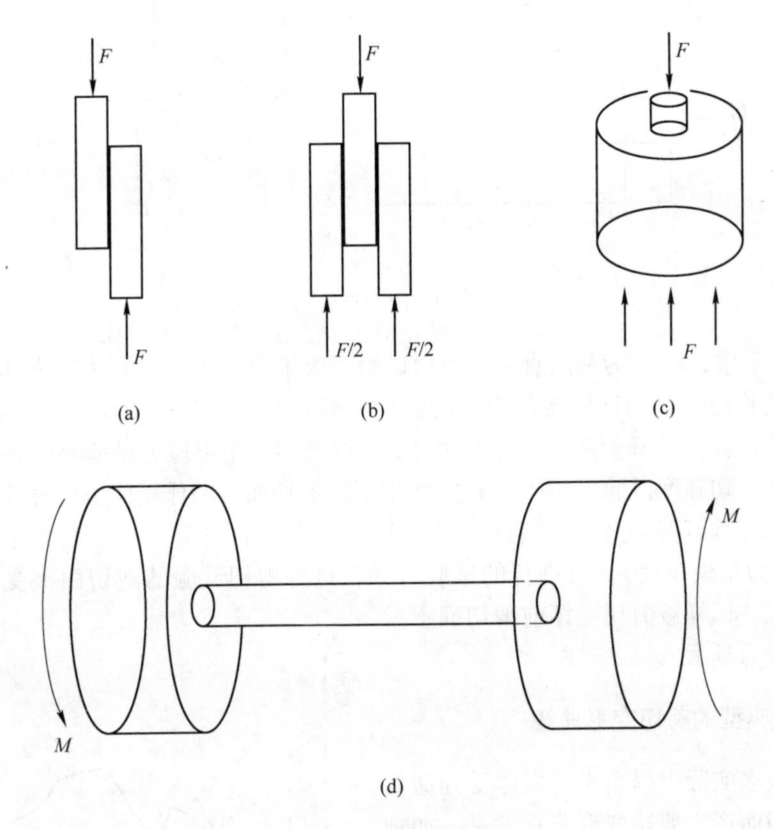

图 2-1　非限制性剪切

（a）单面剪切；（b）双面剪切；（c）冲击剪切；（d）扭转剪切

2.1.2　限制性剪切试验

限制性剪切试验是指在剪切面上除了存在剪应力外，还存在正应力的情况。

常见的限制性剪切强度试验有以下四种情况，如图 2-2 所示。

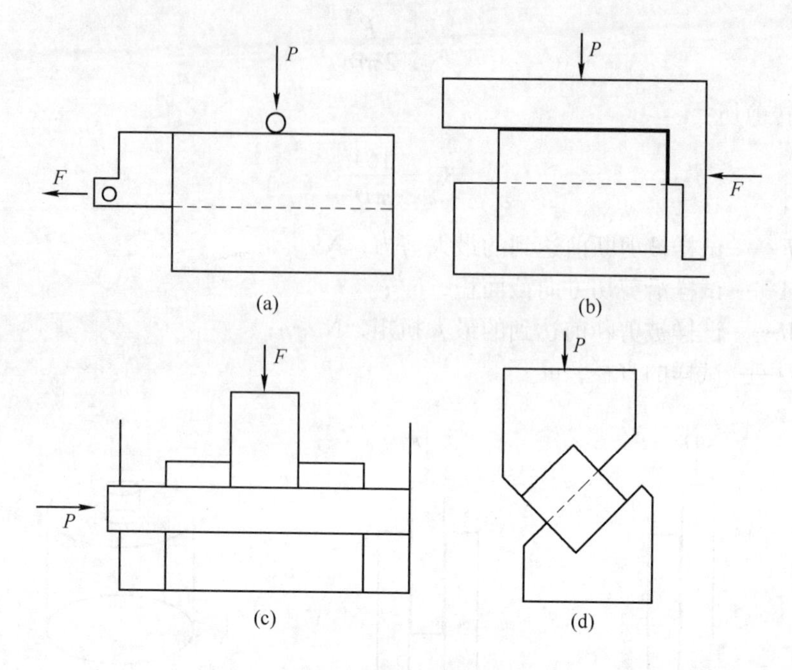

图 2-2　限制性剪切

图 2-2 中，（a）为利用直剪仪压剪试验，为单面剪切；（b）为立方体试样单面剪切试验；（c）为试样端部受压的剪切试验，是一种双面剪切试验；（d）为角模压剪试验，是试验室最为常用的剪切试验类型。角模压剪试验是一种最简单的限制性剪切强度试验，在压力 P 的作用下，剪切面上的作用应力可分解到沿剪切面方向和垂直剪切面方向，且二者之间存在直接的关系，二应力之比为 $\tan\alpha$（其中 α 为角模角度）。由进行的试验可知，这种剪切试验的剪切面上受到的正应力越大，试样被剪切破坏前剪切面上承受的剪应力越大。

2.1.3　典型的剪切变形曲线

在很多实际工程当中，岩体受到剪切应力作用而产生剪切变形非常常见，如坝基底部的变形、巷道拱肩的变形，特别是在边坡工程中，剪切变形是最为常见的变形模式。岩石受到的剪应力与产生的剪应变的关系如图 2-3 所示。

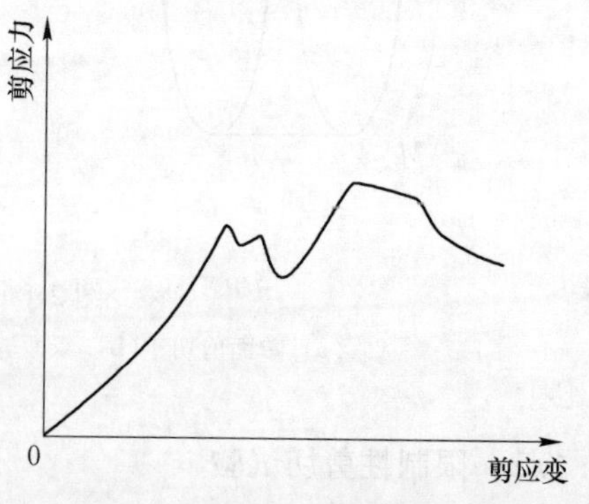

图 2-3　岩体剪切试验曲线

由图 2-3 可知：岩体的剪切应力—应

变曲线进入屈服段之前，与岩体的单轴抗压强度应力—应变曲线非常相似，岩体受到的剪应力与产生的剪应变呈现出似线性规律；当试验进入到屈服阶段后，曲线上开始有应力降低，但剪应变仍在继续发展；达到岩石剪应力峰值之前，可能会出现多次的剪应力降低，这与岩体内包含结构的多少和结构破坏的次数密切相关；当剪应力的峰值对应着该岩体的剪切强度，也就是该岩体可承受的最大剪应力；随着剪应力逐渐到达峰值点过程的完成，剪应变也累积到了一定的程度，岩体就将沿着剪切面发生瞬间破坏，通常伴随着较大声响和较大的剪应力降低；岩体发生剪切破坏后，不是立即破碎，而沿着剪切破坏面继续克服破坏面上的摩擦力并缓慢滑动，从而产生岩体的残余剪切强度。

2.2 岩石的蠕变力学特性

岩石蠕变特性是岩石在受恒定外荷载时表现出的一种重要的力学特性，这一力学特性与很多岩石工程问题均有密切关系。岩石力学界的泰斗陈宗基教授曾指出：一个工程的破坏往往是有时间过程的。这表明岩石蠕变力学特性与岩石工程失稳破坏关系密切，也就是说岩石工程的失稳破坏，可以理解为由岩石蠕变特性来控制。

1939 年，Griggs 提出了砂岩、泥岩等岩石在外荷载达到破坏荷载的 12.5% ~ 80% 时就发生蠕变的观点。这一观点开启了岩石蠕变力学特性的篇章，在以后的几十年里，国内外广大学者们进行了大量的、卓有成效的岩石蠕变力学特性的研究。

2.2.1 岩石产生蠕变的原因

恒定外荷载作用下，岩石不断发生变形，直至破坏。很多学者对岩石表现出的这一特性进行了分析和探讨，从多个角度提出了多种可用于解释该种现象的机理。如 Scholz 在 1968 年研究脆性岩石的蠕变现象时认为：脆性岩石的蠕变现象主要是由于时间效应导致的岩石微破裂过程；Burton 对结晶岩石扩容蠕变问题进行了探讨；H. ito 等在引入调整应变能的假定下，分析了蠕变变形随时间呈波浪式变化的反向蠕变问题；我国学者陈宗基教授也提出了岩石蠕变的扩容理论；谷耀君等利用激活应力和激活能的概念解释了岩石的蠕变现象；王子潮将半脆性岩石蠕变的特征归结为：蠕变起因于流变、微破裂和摩擦滑动的联合作用，不同矿物蠕变机制的差异、蠕变不同阶段起主导作用的转化及岩石不同蠕变阶段具有不同力学性质等。

综合分析各种关于岩石蠕变力学特性，可认为导致岩石表现出明显的蠕变力学特性的主要原因是：

（1）岩石材料内部缺陷。岩石材料内部缺陷，即结晶岩石内部结构的缺陷，主要包括：晶粒空位和错位、晶格界面等。这些微结构在受到外力作用后，其缺陷将产生运动，宏观上变现为岩石的变形，从而吸收外荷载作用产生的能量。Burton 和刘雄均认为材料受外力场作用时，内部空位将出现密度梯度，从而引起空位扩散形成岩石宏观上的蠕变现象。

（2）岩石材料的不均质性。众所周知，岩石是一类非均质各向异性的似多孔介质材料。这一特性就导致了岩石在受到外力作用时，其内部微结构的调整非常复杂，而内部结构的调整又具有明显的时间效应，也就在宏观上表现出明显的蠕变特性。

（3）岩体微破裂渐进破坏。岩体受到外荷载时，除了组成岩石的矿物要发生变形外，岩体内部的微结构也将发生闭合、扩展等微观结构变化，而这些变形都非瞬间可完成的，是一个随时间推进而渐进实现的，是一种时间累计效应，宏观表现为蠕变现象。

2.2.2　典型的岩石蠕变曲线

岩石受到恒定外荷载作用时，会产生明显的蠕变变形特性，且这一特性表现出明显的规律性。虽然由于岩石种类的不同，岩石的蠕变规律曲线也略有不同，但总体规律表现为三阶段特性，如图 2-4 所示。

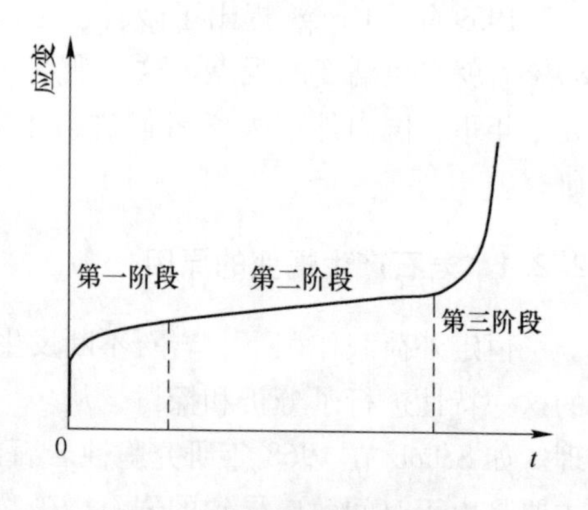

图 2-4　典型的岩石蠕变曲线

（1）第一蠕变阶段，又称为初始蠕变阶段或减速蠕变阶段。本阶段里岩石的应变—时间曲线呈上凸形，应变速率成由大变小的规律，产生的变形均为弹性变形。如果此阶段里突然卸去外荷载，产生的变形将先有一部分变形急剧恢复，其余部分变形将随着时间推进慢慢恢复。本阶段的变形无永久变形，材料仍保持弹性。

（2）第二蠕变阶段，又称为稳定蠕变阶段或等速蠕变阶段。本阶段里，应变 -时间曲线近似一条直线，应变随着时间呈近似等速增长。本阶段里的变形既包含弹性变形又包括塑性变形。此阶段里把作用的应力卸除后，则会出现永久变形。

（3）第三蠕变阶段，又称为加速蠕变阶段。本阶段里，应变—时间曲线向上弯曲，其应变速率急剧加快直至岩石试样破坏。此阶段内的变形均为塑性变形，岩石内部出现较明显的破坏，直至形成宏观破坏和岩石失稳。

需重点指出的是，并非所有的岩石蠕变曲线都包括上述三部分，三阶段的出现将决定于岩石的种类、外荷载的大小。很多时候，研究工作开展时，也将第一和第二阶段作为主要研究对象，而对岩石工程具有重要意义的蠕变第三阶段，则因为实验数据难以获得而不予考虑。

2.2.3　表征岩石蠕变的基本元件

在典型的流变力学理论中，流变模型均可以由以下三种基本元件组合而成。

2.2.3.1　弹性元件（H）

弹性元件又称为虎克体，是一个忽略了材料性质影响的理想弹簧，是一种理想弹性体，如图 2-5 所示。

由于弹性元件是一种理想的线弹性体，故其受到的应力与其产生的应变呈线性关系，如图 2-6 所示。其本构方程可表示为：

$$\sigma = K \cdot \varepsilon \tag{2-5}$$

式中　K——弹性元件的弹性系数。

由式（2-5）可以看出，只要有一个作用在理想弹性体上的应力存在，就必然对应着唯一一个应变值，且这一应变值在应力施加的瞬间就完成了；而当应力卸除后，应变也瞬间恢复，不会存在残余应变。因此，弹性体的变形是与时间无关的。

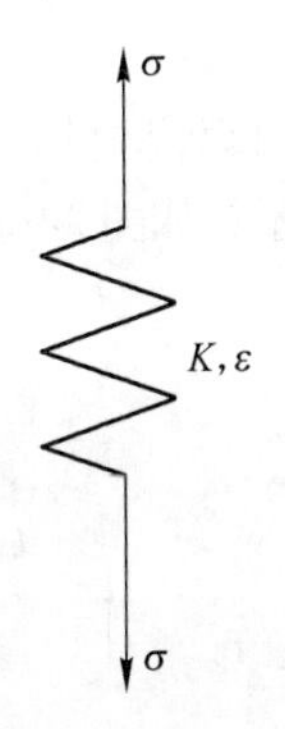

图 2-5　理想弹性体

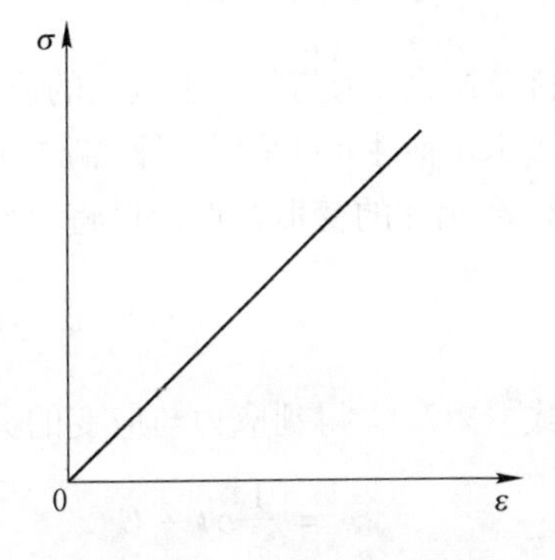

图 2-6　应力—应变关系曲线

2.2.3.2　塑性元件（Y）

当材料进入屈服阶段后，产生的变形均为塑性变形，如果应力保持恒定条件下材料仍不断产生变形，则认为该类材料为理想塑性元件。在流变学上，用一个滑片表示，如图 2-7 所示。

因为理想塑性元件是在应力超过屈服极限后，才在恒定应力作用下产生不断变形的（如图 2-8 所示），故其本构方程为两段式，可表示为：

$$\begin{cases} \varepsilon = 0 & \sigma < \sigma_S \\ \varepsilon \to \infty & \sigma \geqslant \sigma_S \end{cases} \tag{2-6}$$

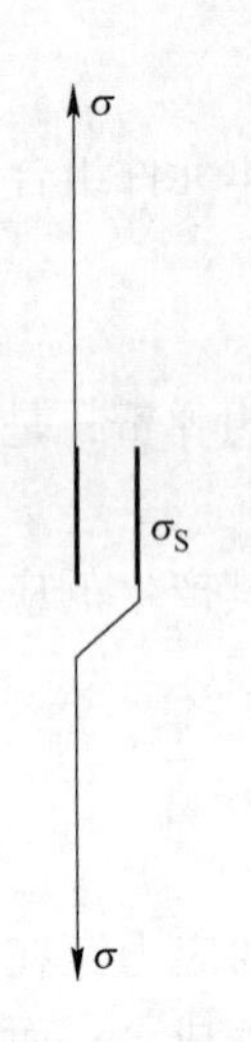

图 2-7　理想塑性体

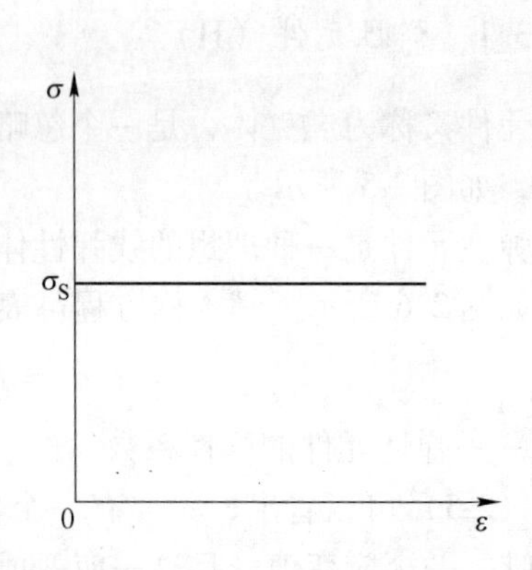

图 2-8　应力—应变关系曲线

2.2.3.3　粘性元件（N）

当材料受到的应力与其产生应变的速率呈正比时，则认为该种材料为理想粘性体，用 N 表示。粘性元件采用一种忽略材料性质影响的粘缸表示，如图 2-9 所示。

根据粘性元件的变形特性，可将元件的本构方程表示为：

$$\sigma = \eta \frac{d\varepsilon}{dt} \tag{2-7}$$

求解式（2-7），得到应力与应变的关系式，为：

$$\varepsilon = \frac{1}{\eta}\sigma t + C \tag{2-8}$$

如果是理想粘性元件，则应满足 $t = 0$ 时，$\varepsilon = 0$，代入式（2-8）中，则：

$$C = 0$$

式(2-8) 变化为：

$$\varepsilon = \frac{1}{\eta}\sigma t \tag{2-9}$$

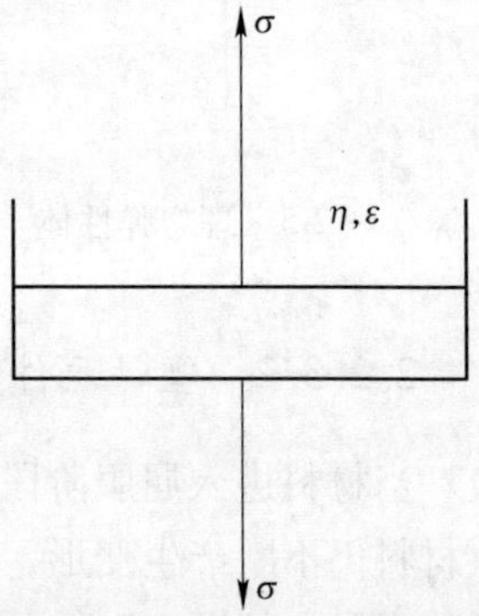

图 2-9　粘性元件

从应力—应变速率关系曲线和本构方程可以看出：

理想粘性元件产生变形是与时间有关系的，且没有瞬时应变产生（如图 2-10 所示）。当应力卸除后，应变为常数，说明应力卸除后，应变不能恢复。

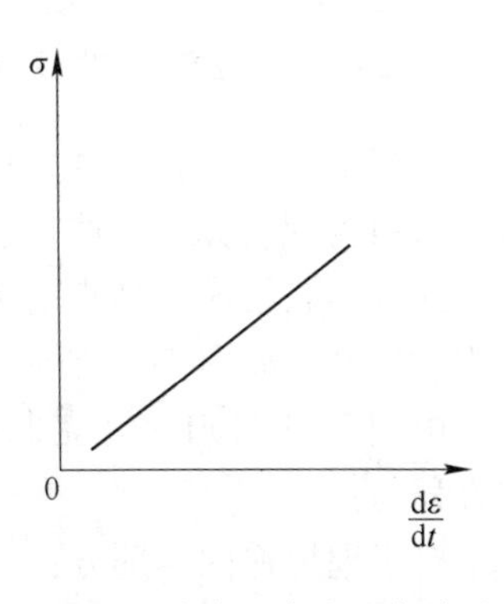

图 2-10 应力—应变速率关系

2.2.4 组合元件

一种材料，特别是岩石材料，其受力后的变形是一个非常复杂的过程，可能既包含弹性变形，又包括塑性变形，还有粘性变形。因此，用一种元件表征岩石类材料的变形特点，根本是不可能的。需要将这些基本的元件按照一定的排列顺序组合起来，这样既能够表征材料的流变变形特性，又可以轻松地建立起材料的本构方程并计算出其参数。

根据材料的变形特性，常见的几种描述材料流变变形特性的元件组合如下。

2.2.4.1 理想弹塑性体

如果一种材料，其受外荷载时产生的变形仅为弹性变形和塑性变形，且弹性变形阶段没有塑性变形产生，则认为该类材料为理想弹塑性体。这类材料的流变变形特性则可用由理想弹性元件和理想塑性元件串联组成的圣维南体表征，其力学模型如图 2-11 所示。

由图 2-11 可知，圣维南体的本构方程也应分为两部分，即：

$$
\begin{cases}
\varepsilon = \varepsilon_1 = \dfrac{\sigma}{K} & \sigma < \sigma_S \\
\varepsilon = \varepsilon_1 + \varepsilon_2 & \sigma \geqslant \sigma_S
\end{cases}
\tag{2-10}
$$

可见，当作用于圣维南体上的应力小于塑性元件的屈服极限 σ_S，圣维南体中的塑性元件不产生变形，圣维南体可简化为理想弹性元件，模型产生的变形瞬时完成且应力卸除后可以瞬时完全恢复；当作用于圣维南体上的应力大于塑性元件的屈服极限 σ_S，塑性元件将在应力作用下不断产生应变，向无穷大方向发展，如果在此阶段内卸除应力，则弹性变形可瞬间恢复，而塑性变形将无法恢复（如图 2-12 所示）。

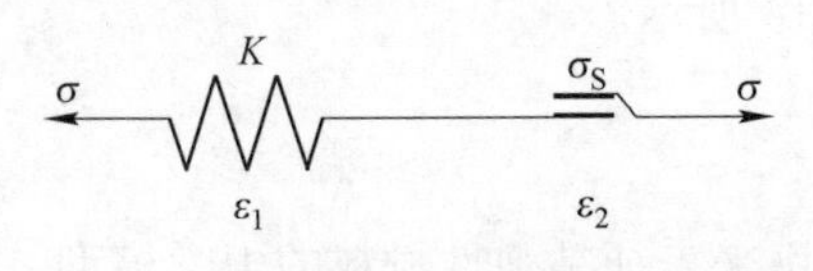

图 2-11 圣维南体

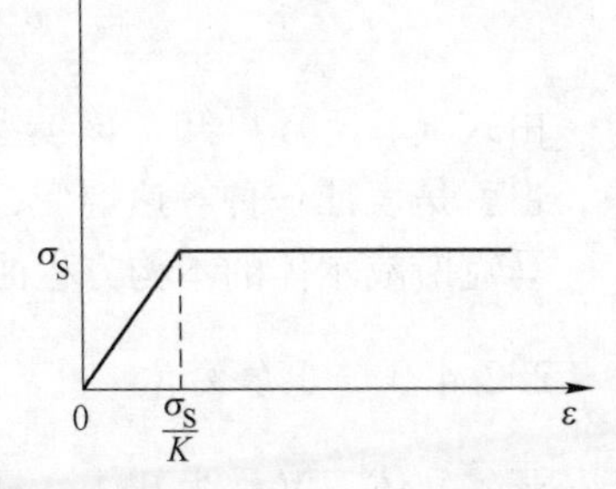

图 2-12 圣维南体本构关系

2.2.4.2　理想弹粘性材料

如果一种材料，其受外荷载时产生的变形仅为弹性变形和粘性变形，则认为该类材料为理想弹粘性体。这类材料的流变变形特性则可由理想弹性元件和理想粘性元件串联组成的马克斯威尔体表征，其力学模型为如图 2-13 所示。

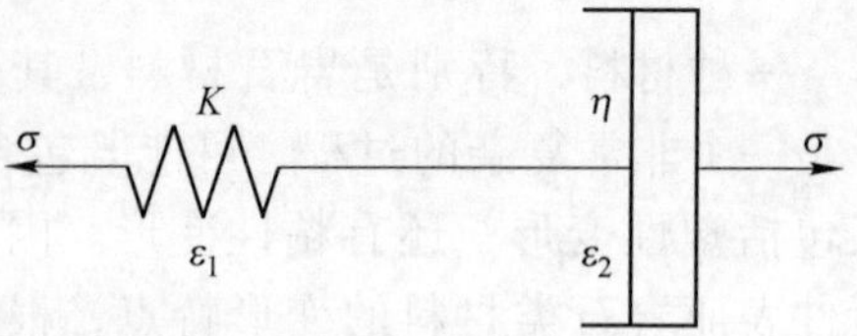

图 2-13　马克思威尔体模型

由图 2-13 可知，马克斯威尔体的本构方程为：

对于理想弹性体部分：

$$\varepsilon_1 = \frac{\sigma}{K} \tag{2-11}$$

对于理想粘性体部分：

$$\varepsilon_2 = \frac{\sigma}{\eta} \tag{2-12}$$

积分上式,可得：

$$\varepsilon_2 = \frac{\sigma}{\eta}t + C \tag{2-13}$$

则马克斯威尔体的本构方程为：

$$\varepsilon = \varepsilon_1 + \varepsilon_2 = \frac{\sigma}{K} + \frac{\sigma}{\eta}t + C \tag{2-14}$$

因此，当马克斯威尔体受外荷载瞬间，将完成马克斯威尔体内包含的理想弹性元件的弹性变形，但随着作用时间的延长，粘性变形不断产生，导致总变形不断增加。因此，马克斯威尔体受外荷载作用时，产生的变形不会马上完成，其变形过程需要一个时间过程。

如果是蠕变过程，则作用于马克斯威尔体上的应力是恒定的，则式（2-14）中第一项亦为常数，则此时本构方程可表示为：

$$\varepsilon = \varepsilon_1 + \varepsilon_2 = \frac{\sigma}{\eta}t + C \tag{2-15}$$

由式（2-15）可知，该模型在蠕变条件下产生的变形与作用时间呈线性关系，也就是表征一种等速蠕变，即适合表征蠕变的第二阶段。

马克斯威尔体的本构方程曲线如图 2-14 所示。

2.2.4.3　开尔文体

开尔文体，又称为开体，是一种可以用来表征粘弹性材料的力学模型，是由一个理想弹性体和理想粘性体并联形成的，模型如图 2-15 所示。

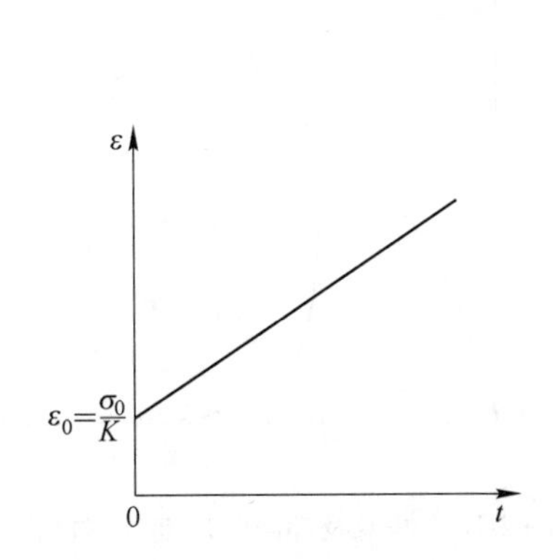

图 2-14 马克斯威尔体的本构方程曲线

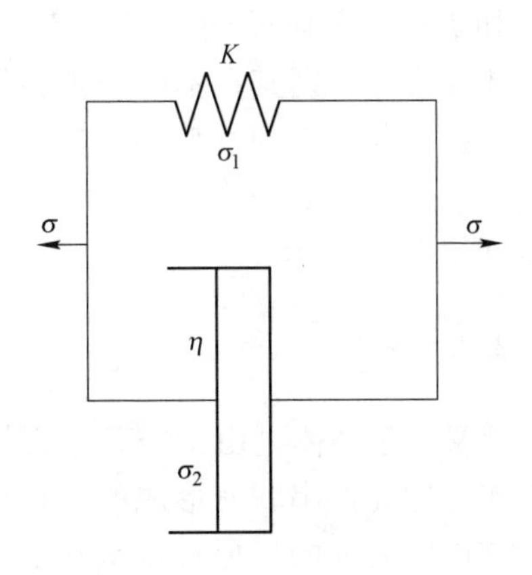

图 2-15 开尔文体模型

由于开尔文体是理想弹性元件和理想粘性元件的并联，故两个元件的受力、变形具有以下特点：

$$\begin{cases}\varepsilon = \varepsilon_1 = \varepsilon_2 \\ \sigma = \sigma_1 + \sigma_2\end{cases} \tag{2-16}$$

由两个元件各自的特性可知：

对于理想弹性元件： $\sigma_1 = K \cdot \varepsilon_1$

对于理想塑性元件： $\varepsilon_2 = \dfrac{\sigma_2}{\eta} t + c$

对之进行变形，可得：

$$\sigma_2 = \frac{\varepsilon_2 \cdot \eta - c}{t}$$

则开尔文体的本构方程可表示为：

$$\sigma = K \cdot \varepsilon_1 + \frac{\varepsilon_2 \cdot \eta - c}{t} = K\varepsilon + \frac{\varepsilon \cdot \eta - c}{t} \tag{2-17}$$

由式（2-17）可知，开尔文体的所受应力和产生的应变之间的关系是与作用时间密切相关的，这一点与上述的马克斯威尔体相似。但二者的不同之处在于，马克斯威尔体在受到外荷载作用后，将瞬间产生应变，而开尔文体则由于变形受到理想粘性体影响而不产生瞬时应变。马克斯威尔体的弹性应变和粘性应变的产生是有先后顺序的，即先产生弹性应变且瞬间完成，而开尔文体则是在产生粘性应变的同时产生弹性应变，弹性应变不能瞬间产生。当外荷载被卸除后，马克斯威尔体的弹性应变瞬间恢复，而开尔文体产生的弹性应变则不能瞬间恢复，开尔文体弹性应变的恢复所需时间则决定于理想粘性元件恢复所需时间。

如果开尔文体受到恒定外荷载作用，即处于蠕变中，则其在不断产生粘性变形的同时，不断产生弹性变形，且速率是恒定的（决定于粘性元件），其应变与时间关系如图 2-16 所示。

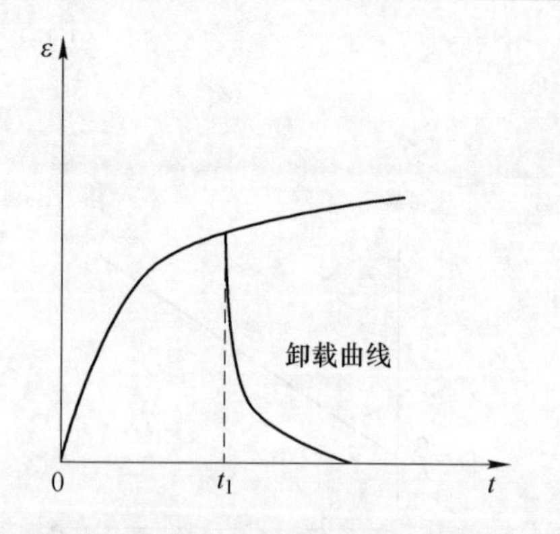

图 2-16　蠕变及卸载时应变—时间曲线

2.2.4.4　广义开尔文体

广义开尔文体是由一个开尔文体和一个理想弹性元件串联而形成的，其在具有开尔文体可表征的变形特点基础上，又增加了可产生瞬时弹性应变、可恢复瞬时弹性应变的功能。其力学模型如图 2-17 所示。

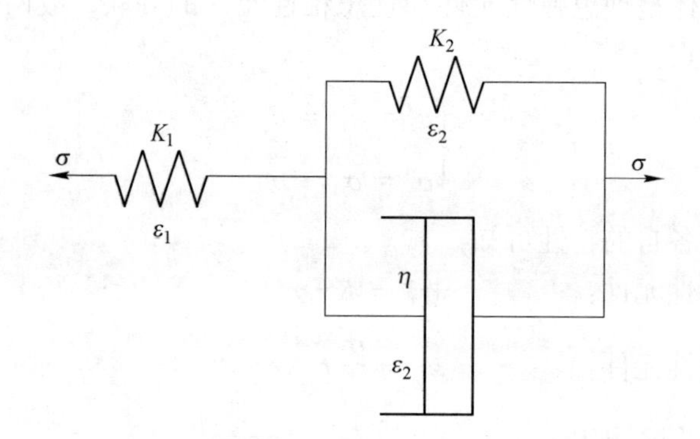

图 2-17　广义开尔文体

由图 2-17 及各基本元件的特点可知：

$$\begin{cases}\sigma = \sigma_1 = \sigma_2 \\ \varepsilon = \varepsilon_1 + \varepsilon_2\end{cases} \tag{2-18}$$

将开尔文体的本构方程和理想弹性体本构方程结合，则广义开尔文体的本构方程为：

$$\varepsilon = \frac{\sigma}{K_1} + \frac{\sigma \cdot t + C}{K_2 \cdot t + \eta} \tag{2-19}$$

如果广义开尔文体处于蠕变状态下，即：$\sigma = \sigma_0$，则此时的广义开尔文体内，弹性元件 K_1 在应力施加的瞬间，完成弹性变形，其变形为 $\varepsilon = \sigma_0/K_1$。故广义开尔文体的本构方程变为：

$$\varepsilon = \frac{\sigma_0}{K_1} + \frac{\sigma_0 \cdot t + C}{K_2 \cdot t + \eta} \tag{2-20}$$

此时的蠕变曲线如图 2-18 所示。

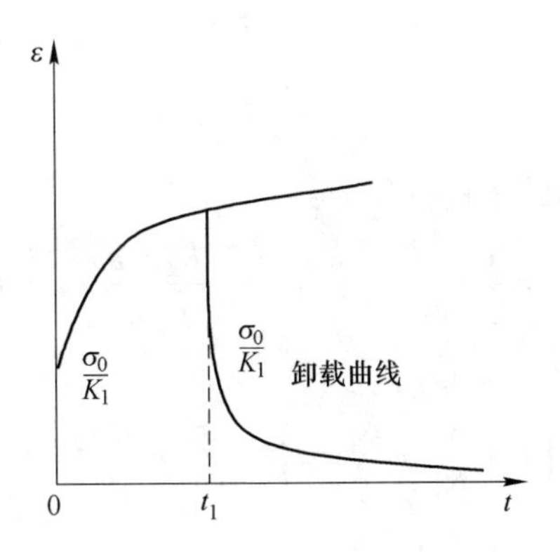

图 2-18 广义开尔文体的蠕变曲线

2.2.4.5 饱依丁-汤姆逊体

饱依丁-汤姆逊体是由马克斯威尔体和理想弹性元件并联所得，其力学模型如图 2-19 所示。

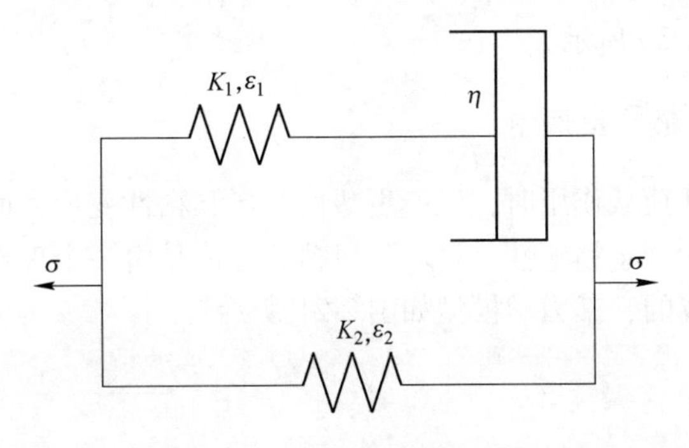

图 2-19 饱依丁-汤姆逊体

由于饱依丁-汤姆逊体是马克斯威尔体和弹性元件并联构成，故其本构方程可由下式表示：

对于马克斯威尔体部分：

$$\frac{\sigma_1}{K_1} + \frac{\sigma_1}{\eta}t + C = \varepsilon_M \tag{2-21}$$

对于理想弹性体：

$$\frac{\sigma_2}{K_2} = \varepsilon_H \tag{2-22}$$

由于两部分是并联的，故有：

$$\varepsilon_M = \varepsilon_H \tag{2-23}$$

和

$$\sigma_1 + \sigma_2 = \sigma \tag{2-24}$$

则饱依丁-汤姆逊体的本构方程为：

$$\varepsilon = \frac{\sigma - K_2 \cdot \varepsilon}{K_1} + \frac{\sigma - K_2 \cdot \varepsilon}{\eta} \cdot t + C \tag{2-25}$$

整理式（2-25）为：

$$\varepsilon\left(1 + \frac{K_2}{K_1} + \frac{K_2}{\eta} \cdot t\right) = \frac{\sigma}{K_1} + \frac{\sigma}{\eta} \cdot t + C \tag{2-26}$$

即：

$$\varepsilon = \frac{\sigma \cdot \eta + \sigma \cdot K_1 \cdot t + C \cdot K_1 \cdot \eta}{K_1 \cdot \eta + K_2 \cdot \eta + K_1 \cdot K_2 \cdot t} \tag{2-27}$$

如果饱依丁-汤姆逊体处于蠕变状态，则应力为常量，即：$\sigma = \sigma_0$，则本构方程变化为：

$$\varepsilon = \frac{\sigma_0 \cdot \eta + \sigma_0 \cdot K_1 \cdot t + C \cdot K_1 \cdot \eta}{K_1 \cdot \eta + K_2 \cdot \eta + K_1 \cdot K_2 \cdot t} \tag{2-28}$$

其蠕变曲线如图 2-20 所示。

2.2.4.6　理想粘塑性体

材料在受到外荷载作用时，仅产生塑性变形和粘性变形，而无弹性变形出现时，将该材料视为理想粘塑性材料。理想粘塑性体是由一个理想粘性体和一个理想塑性体并联而成的，其力学模型如图 2-21 所示。

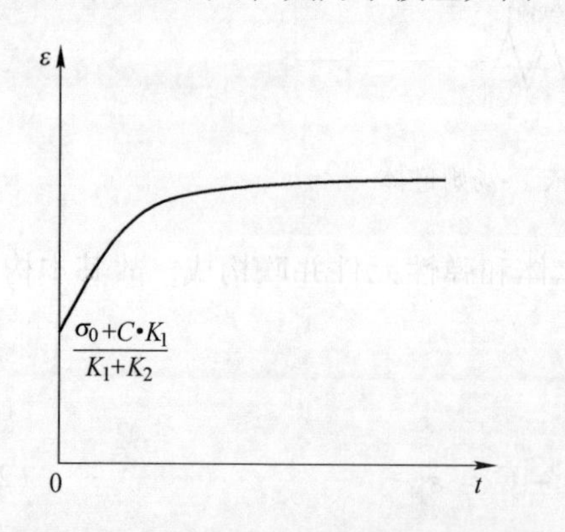

图 2-20　饱依丁-汤姆逊体蠕变曲线

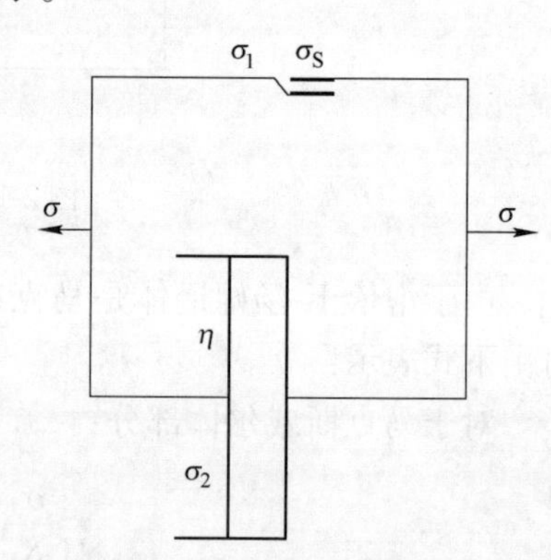

图 2-21　理想粘塑性体

由其力学模型可知，当作用在理想粘塑性体上的应力小于理想塑性元件的屈服极限 σ_S 时，模型整体将不会出现变形，可将模型视为刚体；当作用在理想粘塑性体上的应力大于理想塑性元件的屈服极限 σ_S 时，塑性元件启动并开始出现塑性变形，但由于受粘性元件约束，其产生变形的速率与粘性元件一致。则其本构方程可表示为：

$$\begin{cases} \varepsilon = 0 & \sigma < \sigma_S \\ \varepsilon = \dfrac{\sigma - \sigma_S}{\eta} \cdot t + C & \sigma \geqslant \sigma_S \end{cases} \tag{2-29}$$

如果作用在理想粘塑性体上的应力大于理想塑性元件的屈服极限 σ_S 时，且外荷载大小恒定，也即理想粘塑性体处于蠕变状态下，则本构方程变化为：

$$\varepsilon = \frac{\sigma_0 - \sigma_S}{\eta} \cdot t + C \tag{2-30}$$

由式（2-30）可知，理想粘塑性体处于蠕变状态时，蠕变变形与外荷载作用时间是呈线性关系，如图 2-22 所示。

如果此时卸除作用于理想粘塑性体上的外荷载，则已产生的变形将不能得到任何恢复，即理想粘塑性体的变形均为不可恢复性变形。

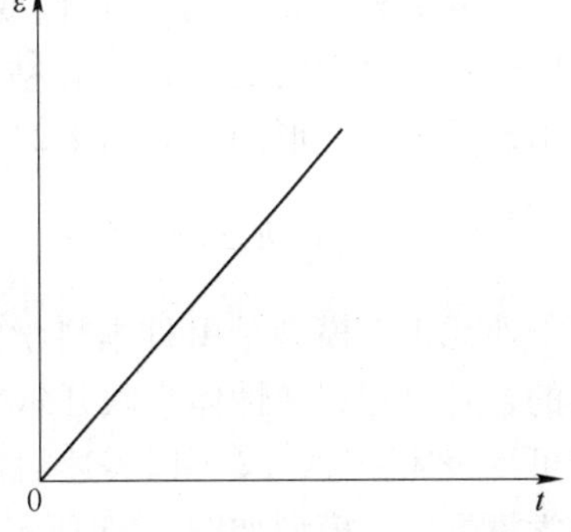

图 2-22 理想粘塑性体的蠕变曲线

2.2.4.7 宾汉姆体

宾汉姆体是由一个理想粘塑性体和一个理性弹性元件串联而成的，增加的串联理想弹性元件，将弥补理想粘塑性体无法表征材料发生弹性变形这一缺点，其力学模型如图 2-23 所示。

由于宾汉姆体是由理想粘塑性元件串联一个理想弹性元件构成的，故其本构

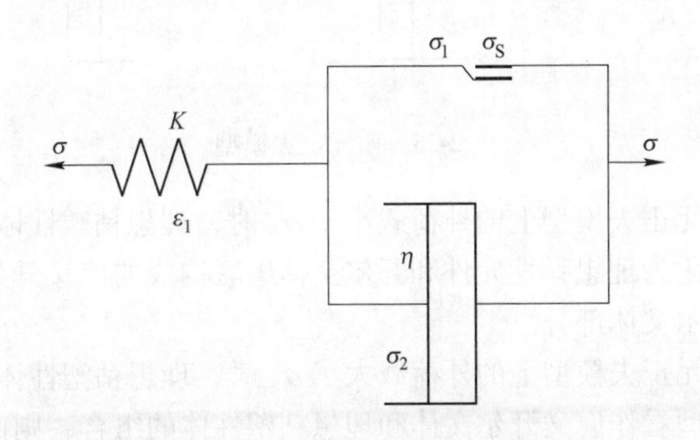

图 2-23 宾汉姆体

方程为：

$$\begin{cases} \varepsilon = \varepsilon_1 + \varepsilon_2 = \dfrac{\sigma}{K} & \sigma < \sigma_S \\ \varepsilon = \varepsilon_1 + \varepsilon_2 = \dfrac{\sigma}{K} + \dfrac{\sigma - \sigma_S}{\eta} \cdot t + C & \sigma \geqslant \sigma_S \end{cases} \tag{2-31}$$

当宾汉姆体处于固定外荷载作用下且外荷载满足 $\sigma<\sigma_S$ 时，模型仅会在受到外荷载作用瞬间产生弹性变形且瞬时完成，尽管作用时间无限延长，模型也不会产生粘性变形和塑性变形；当宾汉姆体处于固定外荷载作用下且外荷载满足 $\sigma\geqslant\sigma_S$ 时，模型的弹性变形瞬间完成，但随着作用时间的延长，将有粘性变形和塑性变形出现，其变形曲线如图 2-24 所示。

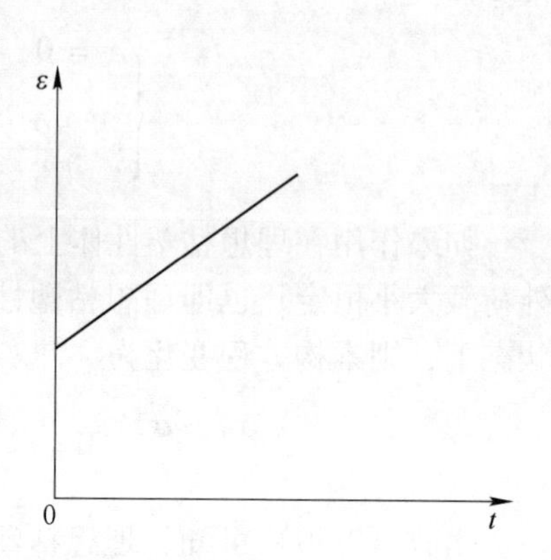

图 2-24　宾汉姆体蠕变曲线

2. 2. 4. 8　西元正夫模型

西元正夫模型是由日本科学家西元正夫提出的，是由理想弹性体串联开尔文体后，再串联理想粘塑性体而成的。该种模型既可以表述弹性，又可以表述粘弹性和粘塑性，是一种非常接近岩石变形特性的力学模型，其模型如图 2-25 所示。

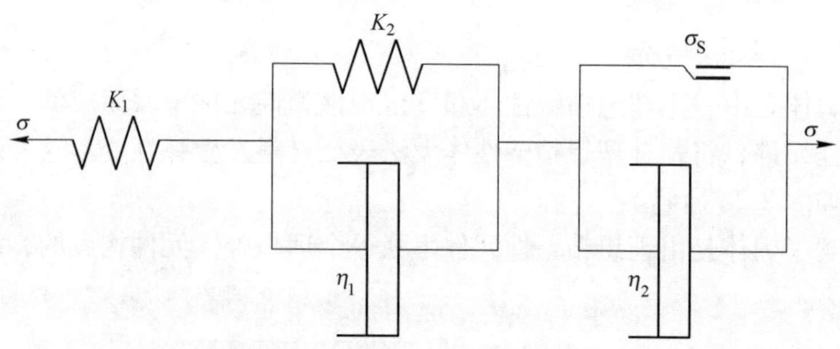

图 2-25　西元正夫模型

当作用于西元正夫模型上的外荷载小于 σ_S 时，理想粘塑性体不会产生变形，西元正夫模型退化为理想弹性元件和开尔文体串联构成的广义开尔文体，其本构方程参见广义开尔文体部分。

当作用于西元正夫模型上的外荷载大于 σ_S 时，理想粘塑性体变形开始启动，可将西元正夫模型看作广义开尔文体和理想粘塑性体的组合，则此时西元正夫模型的本构方程为：

$$\varepsilon = \frac{\sigma}{K_1} + \frac{\sigma \cdot t + C_1}{K_2 \cdot t + \eta_1} + \frac{\sigma - \sigma_S}{\eta_2} \cdot t + C_2 \tag{2-32}$$

如果西元正夫模型处于蠕变过程中，且外荷载小于 σ_S 时，其本构方程为：

$$\varepsilon = \frac{\sigma_0}{K_1} + \frac{\sigma_0 \cdot t + C_1}{K_2 \cdot t + \eta_1} \tag{2-33}$$

外荷载大于 σ_S 时，其本构方程为：

$$\varepsilon = \frac{\sigma_0}{K_1} + \frac{\sigma_0 \cdot t + C_1}{K_2 \cdot t + \eta_1} + \frac{\sigma_0 - \sigma_S}{\eta_2} \cdot t + C_2 \tag{2-34}$$

西元正夫模型可以较准确的反映软岩和煤体的流变特征，能较好地反映软岩和煤体的蠕变三阶段，因此在相关研究中被广泛应用。

2.3　岩石剪切蠕变模型

在很多工程实际中，岩土体都受到不同的外荷载作用，而处于单轴应力、三轴应力、拉伸应力或者剪切应力状态之中。根据岩石力学的知识，岩土体处于不同状态下的强度顺序为：抗拉强度 < 抗剪强度 < 单轴抗压强度 < 三轴抗压强度。因此，处于抗拉和抗剪切状态下的岩土体工程，将更危险的面临着岩土体的失稳破坏。我们根据知识又可以知道，岩土体抗拉强度极低，生产实际中几乎不存在岩土体处于抗拉的情况（一旦处于此种应力状态，岩土体很容易发生失稳滑移）。因此，在实际工程中的岩土体，处于剪切应力状态下则成为最危险的状态。

根据前述内容，处于剪切应力状态下很容易理解。但是否在剪切应力小于岩土体的剪切强度时，岩土体就不会发生失稳滑移呢？岩土工程领域的学术泰斗陈宗基教授指出：一个工程的破坏往往是有时间过程的。因此，处于剪切应力状态下的岩土体，再考虑上时间作用因素，对于判断处于剪切应力状态的岩土体失稳情况，特别是对于作用应力小于抗剪切强度时的岩土体失稳判断，具有重要意义。这也就是本文抽象出剪切蠕变的理论依据和现实意义。

2.3.1　非限制性剪切蠕变

根据前述知识可知，剪切应力状态有两种情况，即非限制性剪切和限制性剪切。因此，剪切蠕变状态也就相应的有这两种模型，即非限制性剪切蠕变和限制性剪切蠕变。

对于非限制性剪切蠕变，其力学模型可以简化如图 2-26 所示。

由图 2-26 可知，非限制性剪切和非限制性剪切蠕变的主要区别就在于：由于外荷载的作用导致在剪切面上产生的剪切应力是否恒定，且该恒定剪切应力是否在时间维度上长期作用于岩土体之上。故非限制性剪切蠕变，就是恒定的剪切

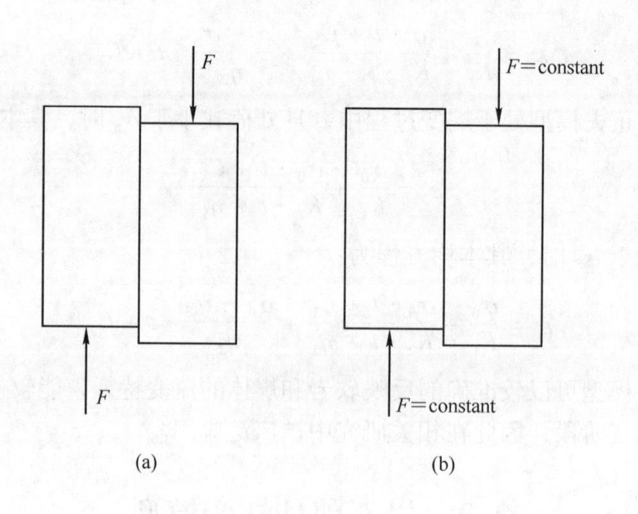

图 2-26　非限制性剪切与剪切蠕变
（a）非限制性剪切；（b）非限制性剪切蠕变

应力长时间作用于剪切面上，并不断导致剪切变形产生，直至岩土体失稳的过程。

2.3.2　限制性剪切蠕变

与限制性剪切对应，也存在一种限制性剪切蠕变状态，其受力特点是：在剪切面上，不但有剪切应力存在，还有正应力，剪切应力大小恒定，而正应力大小可以固定，也可以不固定，如图 2-27 所示。

限制性剪切与限制性剪切蠕变的区别，和非限制性剪切与非限制性剪切蠕变的区别基本一致，不再赘述。但非限制性剪切蠕变与限制性剪切蠕变是有明显区别的，其区别主要表现在以下三个方面：

（1）剪切面上的受力不同。非限制性剪切蠕变的剪切面上仅有剪切应力而无正应力；限制性剪切蠕变的剪切面上不仅有剪切应力，还有正应力。

（2）产生同样剪应变，克服的阻力不同。非限制性剪切蠕变产生剪应变时，只需要克服来自材料本身的阻力即完成；而限制性剪切蠕变产生剪应变时，除了克服来自材料本身的阻力，还需要克服由正应力的存在对材料产生的强化作用带来的阻力。

（3）剪切面上的摩擦阻力大小不同。非限制性剪切蠕变产生剪应变时，剪切面上的摩擦阻力主要是由于剪切面的粗糙所致；而限制性剪切蠕变产生剪应变时，除了剪切面的粗糙所致部分外，还有正应力的存在导致的摩擦阻力的增加。

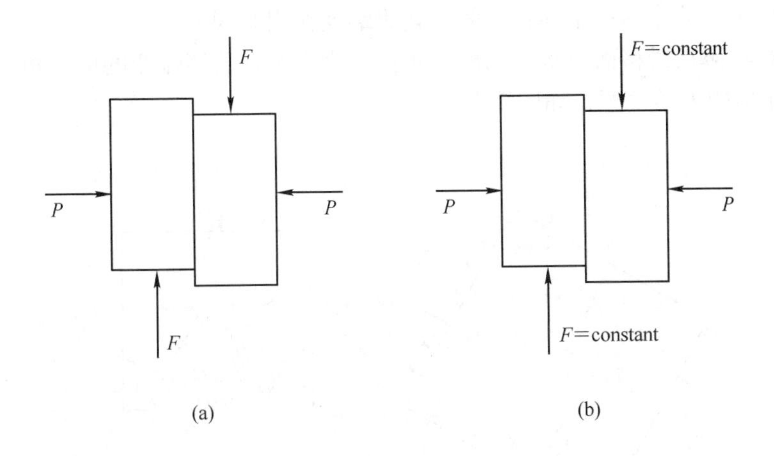

图 2-27 限制性剪切与剪切蠕变
（a）限制性剪切；（b）限制性剪切蠕变

2.3.3 研究模型

本节主要针对边坡工程开展研究，假设边坡体内部存在一个潜在滑移面，即边坡失稳滑移时将沿此面发生滑移，并以此面附近岩土体为研究对象开展研究（如图 2-28 所示）。

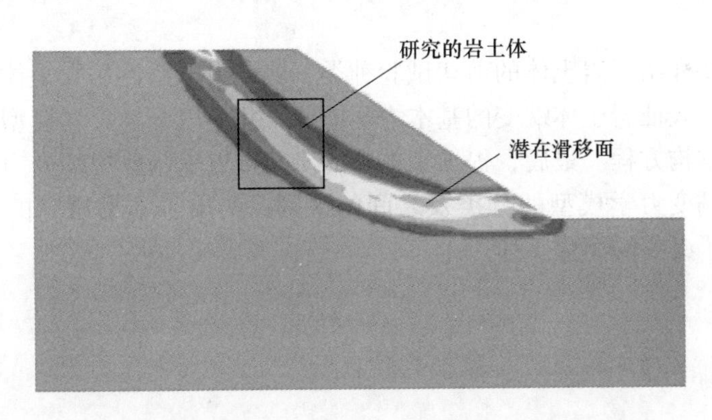

图 2-28 研究对象模型

针对图 2-28 所示研究对象，做以下简化：

（1）将边坡体内潜在的滑移面简化为限制性剪切蠕变的剪切面。

（2）将潜在滑移面附近的岩体受力情况简化为限制性剪切蠕变状态；边坡体自重应力沿边坡滑移方向的分力，简化为滑移面上的剪应力；潜在滑移面上覆岩土体的自重，简化为作用于研究对象上的正应力。

（3）将边坡体的稳定存在时间简化为蠕变作用时间。

（4）将潜在滑移面与水平面的夹角简化为限制性剪切蠕变的剪切角。

简化出的力学模型，如图 2-29 所示。

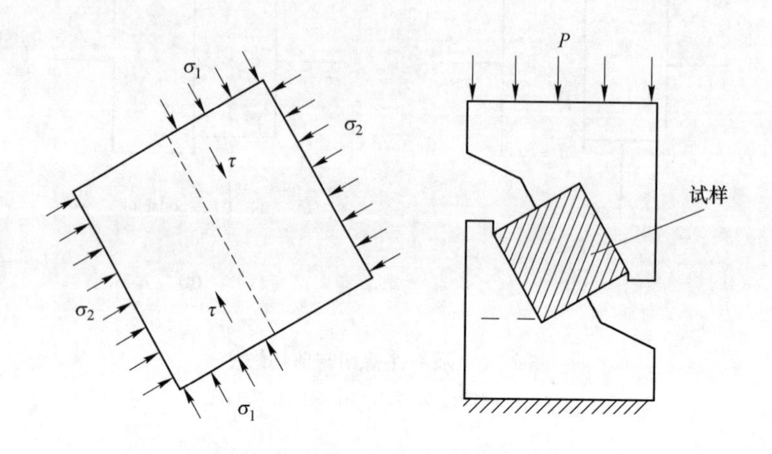

图 2-29　简化的限制性剪切蠕变模型

图 2-29 即为本节开展研究的力学基础。

2.4　本章小结

本章主要介绍了岩土体的剪切试验种类、剪切力学特性、岩土体的蠕变、蠕变力学特性、表征岩土体蠕变的基本力学原件、几个组合的力学模型原件，并给出了各自的本构方程。最后，提出了本书的研究重点——剪切蠕变力学模型，并指出了剪切蠕变力学模型的分类及之间的区别，给出了本书研究的基本力学模型，并指出了必要的简化工作。

3 非均质化模型构建

由于自然地应力的长期作用，岩石组成结构和内部缺陷表现出高度的非线性特征，岩石结构离散性大造成岩石力学试验结果也非常不均匀，同时给岩石力学研究的科研人员带来很多困难。由于内部分布有复杂的孔隙、裂隙，岩石在空间上表现为非连续性，其力学性质表现为非线性和非连续性。在试样加载试验中，试样内部结构的相互作用以及对应力的响应机制的差异，使岩体内部应力分布和变形分布表现出高度的复杂性。因此，岩石的非均匀性一直是岩石力学的重要研究课题，也是影响岩石力学性质的主要因素。

本章以 Monte-Carlo 方法和 Weibull 统计分布为理论基础，利用 Fish 编程语言编制岩体非均质化程序，对模型物理力学性质进行了非均质化，实现了非均质模型的构建。

3.1 理论基础

3.1.1 Monte-Carlo 方法

Monte-Carlo 方法是一种概率数值方法，其基本思想是进行大量随机试验，基于概率和面积或体积之间的相似关系，得到所求问题的解。它和仿真有一定的差别，仿真模拟是模拟随机运动，得到的结果是不确定的，主要体现其随机性；而 Monte-Carlo 模拟是利用过程的随机性，根据其已有的概率统计性质，得到确定的解。

“投针试验”是一项典型的 Monte-Carlo 实例，它是由 Buffon 在 18 世纪末进行的，是为了计算圆周率而设计的。该方法的命名发生在 20 世纪 40 年代的美国，有一项试验计划运用了 Monte-Carlo 方法，而其命名源于其子计划的代号。其命名人是美国原子弹几何的负责人 Von Neumann，为了给一个项目的子计划寻找一个代号，他想到了摩洛哥赌城的名字，从此该方法就被称为 Monte-Carlo。

3.1.1.1 *方法原理*

蒙特卡罗（Monte-Carlo）方法是数学统计方法的一个分支，它超越了传统的经验方法，弥补了不能逼近真实的物理过程的缺点，能够模拟真实的物理过程，而得到的问题的解与实际非常符合，因而，它在真实模拟物理过程方面具有强大的优越性。

Monte-Carlo 方法的基本思想是以该事件的出现概率或者期望值为前提，通过随机分配或随机试验，得到该事件的频率，以其频率或者平均值作为问题的解，满足了其总体上的概率分布特性，解析了总体中的一个样本。

求解积分的一般形式是：

$$\int_{x_0}^{x_1} f(x)\varphi(x)\,\mathrm{d}x \tag{3-1}$$

式中　x ——随机自变量；

(x_0, x_1)——定义域；

$\varphi(x)$ —— x 的概率密度；

$f(x)$ ——被积函数。

3.1.1.2　主要步骤

Monte-Carlo 方法的主要步骤有三个：

（1）构造或描述概率过程。对象事件一般有两种特性：一种是本身就具有随机性质。这种问题的主要任务是对其进行正确的描述和模拟其过程。第二种是确定性问题。该问题没有随机性质，其主要任务就是构造一个人为的随机过程，即构造一种概率过程，然后根据这一概率的某种参量，对其解进行评估和解析，将确定性问题转为随机性问题。

（2）实现从已知概率分布抽样。以第一步建立的概率模型为基础，利用一定的方法得到随机性的变量，这样的随机变量是该方法的基础，产生随机数的过程，也就是对概率模型进行抽样。

（3）建立各种估计量。完成了第二步骤的抽样后，得到了其抽样的样本，对其进行评估，获取各种估计量，这些估计量即为所求问题的解。

3.1.1.3　方法优点

Monte-Carlo 方法的主要优点：（1）解析进度与问题维数无关，它利用的是随机变量，与维数没有联系，即无论维数增加或减少，对问题解析的复杂程度没有影响；（2）要求低、问题约束小；（3）程序结构简单。随着计算机技术的进步，Monte-Carlo 方法在计算机上的运用，使其得到了极大的便利，编制的程序结构也简单清晰。

3.1.2 Weibull统计分布

Weibull分布是瑞典的一位物理学家 Wallodi Weibull 于 1939 年提出的。Weibull分布的参数主要有三个，分别是形状参数、尺度参数和位置参数，其中形状参数决定着分布曲线的形状，尺度参数决定着分布曲线的大小范围。

在这三项参数中，形状参数为最重要的参数，决定着分布不同阶段的情况，而且 Weibull 分布与很多分布都有关系。如：当 $k=1$ 时，它是指数分布；$k=2$ 时，它是 Rayleigh 分布（瑞利分布）。

从概率论和统计学角度看，Weibull 分布是连续性的概率分布，其概率密度为：

$$\varphi(x) = \begin{cases} \dfrac{k}{\lambda} \cdot \left(\dfrac{x}{\lambda}\right)^{k-1} \cdot e^{-\left(\frac{x}{\lambda}\right)^k} & x \geqslant 0 \\ 0 & x < 0 \end{cases} \tag{3-2}$$

累积分布函数为：

$$\psi(x) = 1 - e^{-\left(\frac{x}{\lambda}\right)^k} \quad x \geqslant 0 \tag{3-3}$$

式中 x——随机变量；

λ——比例参数，$\lambda > 0$；

k——形状参数，$k > 0$。

显然，它的累积分布函数是扩展的指数分布函数。图 3-1 和图 3-2 分别给出了不同 k 值和不同 λ 值的 Weibull 分布的概率密度函数曲线和累积分布函数曲线。

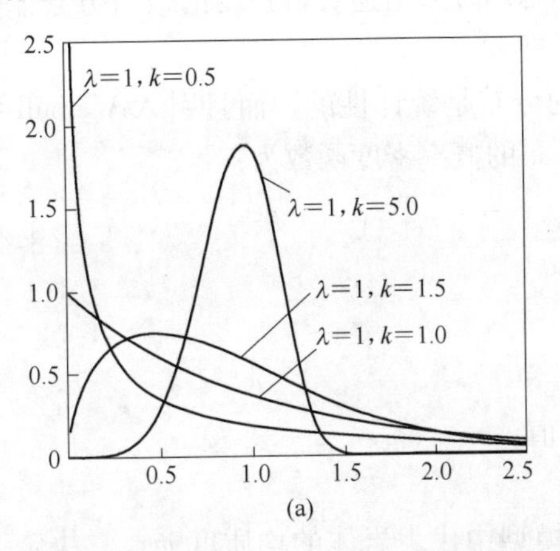

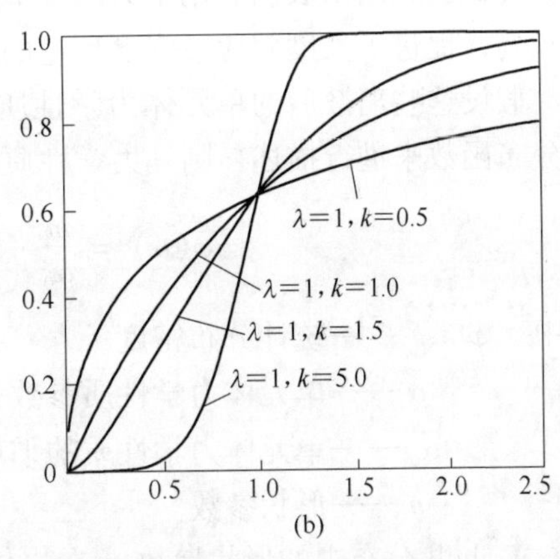

图 3-1 不同 k 值下 Weibull 分布曲线

(a) 概率密度函数曲线；(b) 累积分布函数曲线

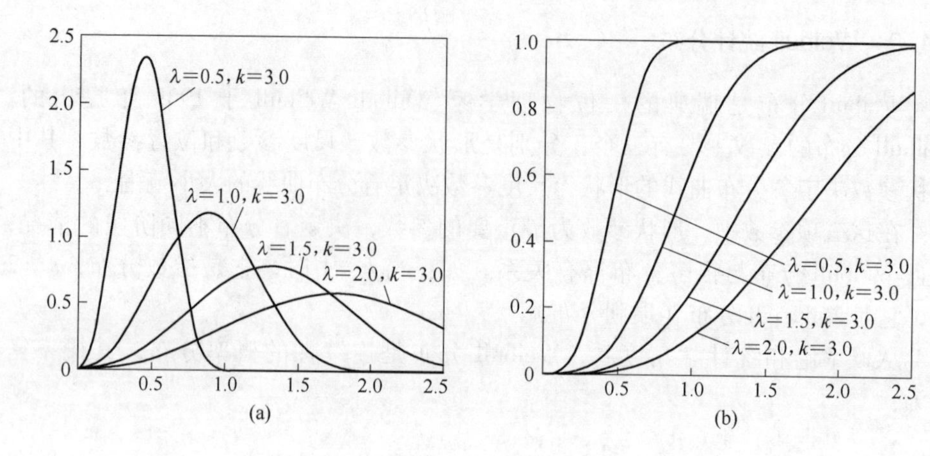

图 3-2　不同 λ 值下 Weibull 分布曲线

（a）概率密度函数曲线；（b）累积分布函数曲线

3.2　非均质化模型

3.2.1　非均质化原理

关于材料的非均质的描述问题，Weibull 提出运用 Weibull 分布可以解决。其观点认为，材料破坏时的强度不可能得到精确测量，但是可以将其看成一项概率过程，则发生破坏的概率是可以定义的。基于这样的思想，Weibull 进行了大量的破坏试验，结果表明利用带有临界值的幂函数来描述材料强度的极值分布律效果较好，促进了尺度效应、强度理论的发展。

假设这些离散后的单元体力学性质的分布是统计性的，而且引入 Weibull 统计分布函数来进行描述，则其力学性质分布的概率密度函数为：

$$\varphi(\alpha) = \frac{m}{\alpha_0} \cdot \left(\frac{\alpha}{\alpha_0}\right)^{m-1} \cdot \mathrm{e}^{-\left(\frac{\alpha}{\alpha_0}\right)^m} \tag{3-4}$$

式中　$\varphi(\alpha)$——统计分布密度；

α——单元体力学性质参数；

α_0——单元体力学性质的平均值；

m——形状参数。

Weibull 分布中的形状参数 m 在岩体模型中代表岩体的均质度 m，它决定了单元体力学性质的分布范围。当 m 增加时，其范围减小，说明其力学性质趋于均匀；反之，说明其力学性质不均匀。

设模型中 G_0 为所有单元剪切模量的平均值，$\varphi(G)$ 为该单元集剪切模量的分布值，式（3-5）给出了服从 Weibull 分布的剪切模量积分函数。

$$\psi(G) = \int_0^G \varphi(x)\,\mathrm{d}x = 1 - \mathrm{e}^{-\left(\frac{G}{G_0}\right)^m} \tag{3-5}$$

式中　$\varphi(G)$——具有剪切模量 G 的单元的统计数量。

依据某统计分布，可以生成由服从该分布的单元组成的样本空间，样本空间分布含有两个重要参数：平均值和均质度。对同一个样本空间，即使均值不变，积分空间也相差各异，因为 m 在发生变化。该单元集在平均值的约束下，其细观平均值大致与总体平均值相当，但单元的随机性排列方式使得空间具有明显的无序性，这表征了岩石内部的离散性特征。

单元分布的无序性，可通过 Monte-Carlo 方法产生一组与 Weibull 累积分布函数值一一对应的随机数列，基于这组数列反推出对应的函数自变量，即该单元集的力学性质值集，并将之赋予该单元集，即完成服从 Weibull 随机分布的单元集的构建。如图 3-3 所示，利用 Monte-Carlo 方法生成均匀分布在（0，1）区间上的随机数序列$\{R_i \leqslant 1 \mid i=1,2,\cdots,n\}$，另累积分布 $\psi(G_i)=R_i$，可解出图 3-3（b）中坐标剪切模量数列 G_i，构成$\{R_i\}\sim\{G_i\}$，剪切模量数列$\{G_i \mid i=1,2,\cdots n\}$与图 3-3（a）横坐标序列$\{G_i \mid i=1,2,\cdots,n\}$对应，于此形成一组随机分布的剪切模量数列 $\{G_i\}$，随后将该数列值逐一赋给模型中单元，即可完成非均质模型的赋值。

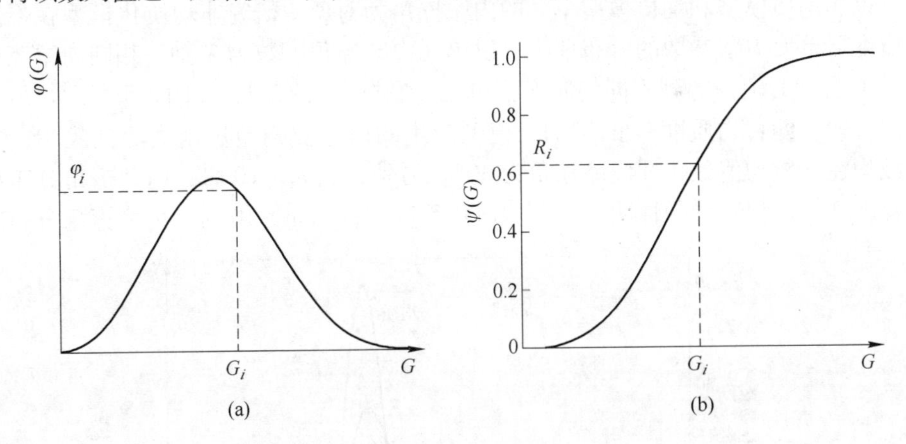

图 3-3　剪切模型 G 的 Weibull 分布图

（a）分布密度；（b）累积分布

3.2.2 非均质化 Flac 3D 建模

以上述方法为理论基础，利用 Flac 3D 中自带的 Fish 语言对 Flac 3D 模型进行非均质化。实例模型为 10×1×3 的岩层，共分为 30 个单元格，采用摩尔—库伦本构模型，材料各参数的平均值分别为体积模量 1GPa、剪切模量 0.8GPa、抗拉强度 5MPa、内摩擦角为 30°、内聚力为 8MPa，模型效果如图 3-4 所示。

图 3-4　非均质模型效果图（内聚力等值线）

以上述模型为例，以内摩擦角分布、z 方向位移等值线图和剪应力等值线图为分析对象，分别对相同外力条件下非均质模型和均质模型的变形和应力分布进行对比分析。

3.2.2.1　内摩擦角分布

以非均质模型和均质模型单元的内摩擦角为对象，研究非均质化模型在不同均质度下单元力学参数的分布情况，以单元内摩擦角度数为 X 轴、相同内摩擦角单元个数为 Y 轴，得到不同均质度下单元内摩擦角分布图，如图 3-5 所示。由分布图可知，随着均质度 m 的增加，模型产生的内摩擦角范围由宽泛到集中，集中域均在参数均值处，即内摩擦角为 30°。另外，当 $m<10$ 时，内摩擦角分布离散程度高，模型不均匀性明显，非均质化程度高；当 $m \geqslant 10$ 时，内摩擦角分布离

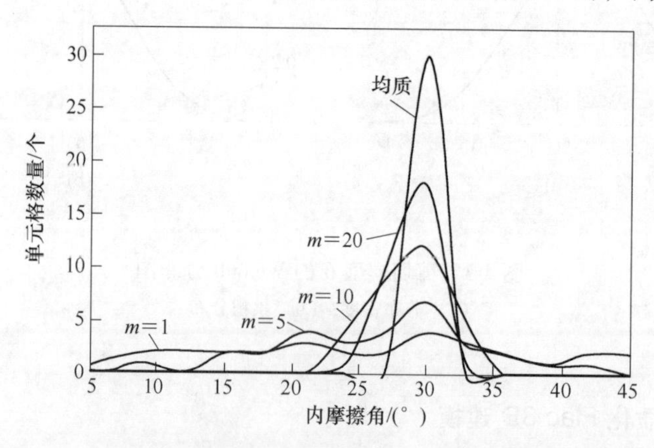

图 3-5　不同均质度下单元内摩擦角分布图

散程度小，模型趋于均匀，非均质化程度低。

3.2.2.2　Z 方向位移分布

对不同均质度的非均质模型施加相同自重载荷，以平衡后模型的 Z 方向位移等值线图为对象，得到不同均质度的非均质模型变形情况，研究非均质对模型模拟岩层变形的影响。

图 3-6 给出了不同均质度下 Z 方向位移等值线图。由图 3-6 可知，不同均质度下的位移分布图差异明显，随着均质度 m 的增加，Z 方向位移等值线趋于沿 Z 方向均匀分布。当 $m=10$ 时，Z 方向位移等值线分布已与均质模型下的分布情况十分接近，说明当 m 值小于 10 时，均质度的变化对 Z 方向位移分布均匀性有很大影响。不同均质度下 Z 方向最大位移曲线如图 3-7 所示。

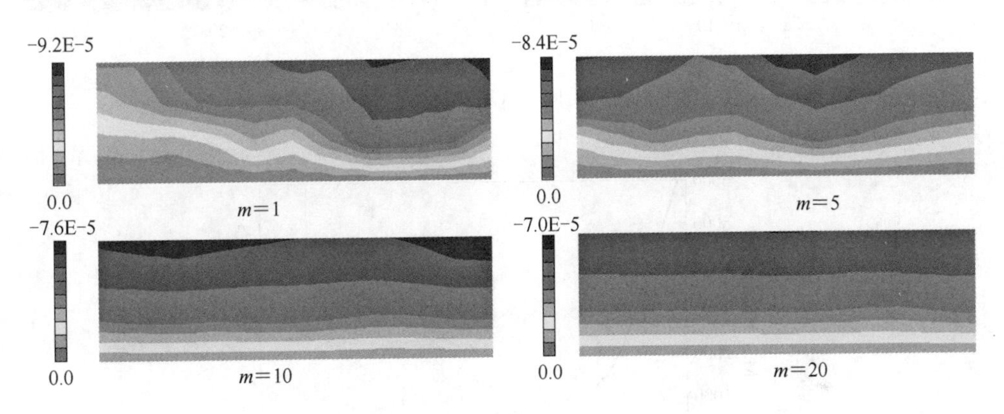

图 3-6　不同均质度下 Z 方向位移等值线图

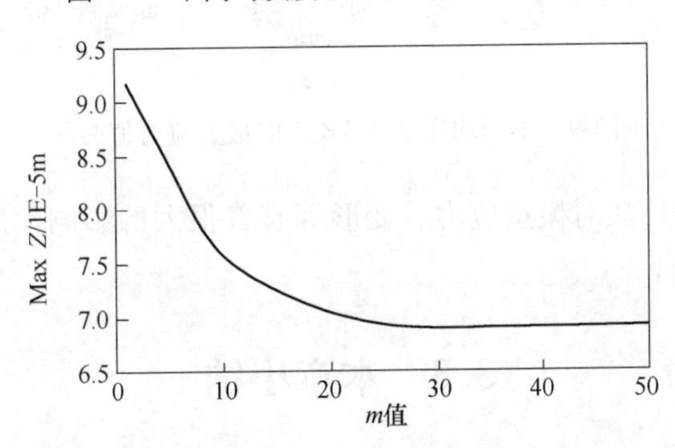

图 3-7　不同均质度下 Z 方向最大位移曲线

3.2.2.3　剪应力分布

图 3-8 和图 3-9 分别给出了不同均质度下，XZ 方向应力等值线图和不同均质

度下 XZ 方向最大应力值曲线。由图可知，均质度 m 值对 XZ 方向应力的影响规律与对 Z 方向位移的影响规律相似，说明均质度 m 值对模型岩层的位移和应力的影响效果相似，均以 $m=10$ 为分界点，前段非均匀性明显，后段趋近于均匀。

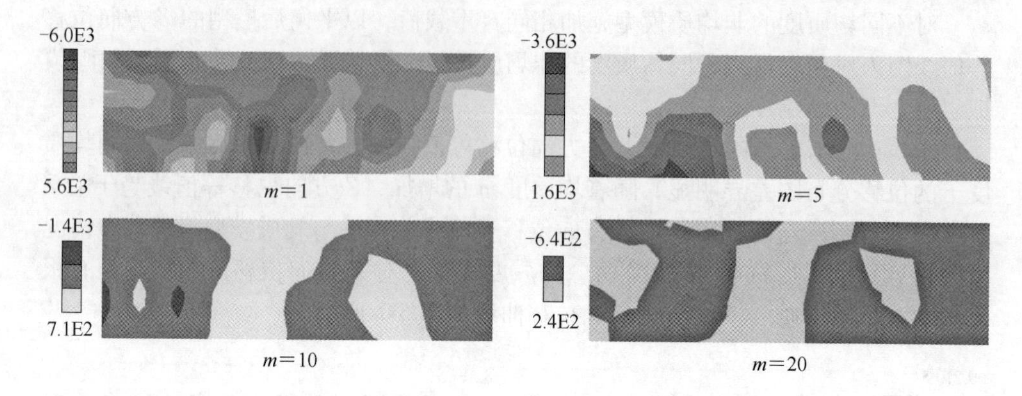

图 3-8　不同均质度下 XZ 方向剪应力等值线图

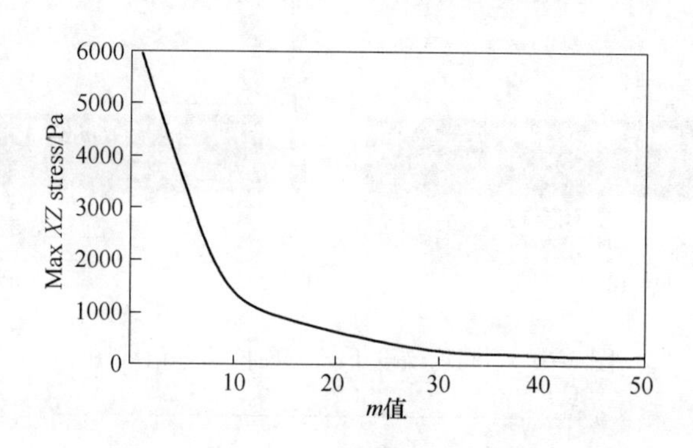

图 3-9　不同均质度下 XZ 方向最大应力值曲线

分析可知，非均质对模型应力、变形等有着很大的影响作用，均质性越差，所产生的影响越大。

3.3　本章小结

本章简单阐述了 Monte-Carlo 方法和 Weibull 统计分布的基本原理，并以 Flac 3D 模型为研究对象，运用 fish 语言，结合 Monte-Carlo 方法和 Weibull 统计分布的理论思想，研究了非均质模型的构建方法，并对非均质性对 Flac 3D 模型的影响进行了模拟研究，主要得出以下结论：

（1）运用 Monte-Carlo 方法和 Weibull 统计分布相结合的方法，能够较好地对

Flac 3D 模型进行非均质化，所建立的非均质模型效果较好。

（2）当均质度小于 10 时，非均质 Flac 3D 模型的均匀性较差，模型的物理力学性质离散程度大；当均质度大于 10 时，非均质 Flac 3D 模型的均匀性较好，与均质模型较接近。

（3）随着均质度的减小，非均质性对模型的内摩擦角分布、Z 方向位移、剪应力的影响作用增大，表现为内摩擦角、Z 方向位移和剪应力分布的非线性程度越来越大。

4 边坡潜在滑移面识别及关键单元分析

边坡工程量逐渐增加，工程规模逐渐增大，其稳定性要求逐渐提高，这些因素对边坡工程的设计、施工和维护带来巨大挑战。边坡稳定性影响因素很多，包括内因和外因，但在一定时间段内，外因在一定程度上可认为保持不变，因此，边坡影响内因依然是其稳定性的主要因素。在边坡失稳滑移前，其内部会形成一个或多个潜在滑移面，这往往是剪应变增量集中的区域，该区域是边坡发生滑动的临界面，是研究边坡滑移机理的重要研究对象。潜在滑移面是由一系列不同岩性的岩体组成的，不同位置不同岩性的岩体对潜在滑移面的力学特性影响大小不一，而对其影响最大的岩体单元（即关键单元）的破坏有可能是边坡滑移的首要因素。因此，研究边坡潜在滑移面和关键单元的识别、力学特性和破坏特性将是从细观角度揭开边坡滑移机理的切入点。

本章通过建立非均质边坡 Flac 3D 模型，研究边坡潜在滑移面的形态特征，分析关键单元的力学特性、变形特征、动态演变特征及其对边坡整体变形的影响。

4.1 工程背景和数值模型

4.1.1 工程背景

本书以安家岭露天矿人工岩质边坡为工程背景，该矿田位于平朔矿区的中南部，含煤地层为太原组，岩质层主要为砂质泥岩、砂岩、铝质泥岩、煤岩和灰岩等，岩层厚度变化不一。由于勘探条件的限制，该矿地质条件依然存在很多盲点，潜在滑移面的存在在很大程度上决定着边坡的稳定性。

4.1.2 非均质边坡数值模型

边坡是由不同岩性的岩体组成的实体，岩体具有明显的非线性和非均质性，使边坡内部高度不均匀，影响边坡整体的变形特性。岩体在载荷作用下，构成一个动态场，随着内部结构、裂隙等缺陷的变化，复杂程度提高，非均质度也增大。因此，岩体非均质性是我们需要考虑的重要内容，非均质化边坡模型成为边坡模拟的前提。

本书选取某岩质边坡为研究对象，并做适当简化，利用非均质数值模型的构建方法对边坡模型进行非均质化，并以该非均质边坡模型为研究对象，系统开展潜在滑移面和关键单元的相关研究。

边坡数值模型尺寸依据文献进行扩大，即边坡高度为 H、边坡底部基岩高度等于 H，坡顶面宽度为 $2.5H$、坡底面宽度为 $2H$，如图 4-1（a）所示。模型尺寸 $x=440\text{m}$、$y=50\text{m}$、$z=160\text{m}$，边坡高度 $H=80\text{m}$，边界条件设定为平面应变模型，模型被划分为 4980 个单元。根据该露天矿边坡的实际情况，数值模型边坡角设定为 34°，数值模型共涉及五个地层，煤岩层倾角较小，可近似视为水平。

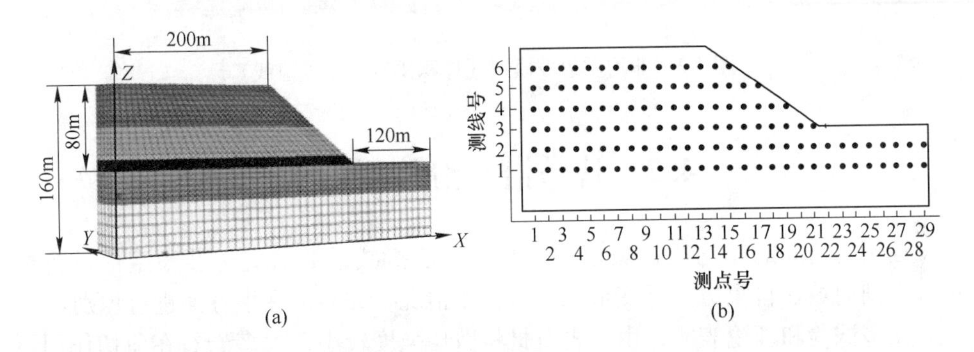

图 4-1 边坡模型和监测点布置示意图

（a）露天矿边坡模型；（b）模型监测点布置示意图

本模型共设置六条水平监测线，考虑到模型边界效应，监测点均布置在 $y=25\text{m}$ 面上，监测线间距为 20m，同一监测线上监测点间距为 15m，监测点布置如图 4-1（b）所示。岩体本构模型选定为摩尔—库伦模型，各煤岩层物理力学参数的均值及其均质度见表 4-1。以表 4-1 各煤岩层物理力学参数为基础，对边坡进行非均质化，非均质边坡模型效果如图 4-2 所示。

表 4-1 煤岩层物理力学参数及均质度

岩层名称	容重 /kg·m^{-3}	体积模量 /GPa	剪切模量 /GPa	内聚力 /MPa	内摩擦角 /(°)	抗拉强度 /MPa	厚度/m
页　岩	1930	1.81	0.47	3.0	23	3.0	40
砂质泥岩	2100	1.93	1.16	4.0	23	4.0	30
煤　岩	1400	3.22	1.07	5.0	26	5.0	10
砂质岩	2300	10.28	4.20	15.0	30	9.0	30
砂　岩	2407	15.32	7.48	24.0	35	15.0	50
m	均质	5	5	5	均质	5	—

图4-2 非均质边坡模型（体积模量分布等值线）

4.2 边坡潜在滑移面识别

运用所建立的非均质边坡模型，利用强度折减系数法对边坡稳定性进行模拟，得到边坡在自重应力下变形和应力分布情况，并对潜在滑移面进行识别。

众多试验和理论表明，由于岩石材料剪切强度较小，大多岩石在剪切作用下发生破坏，这也是判断岩石承载能力的重要指标。因此，边坡单元的剪切应变增量和剪切应力可以作为潜在滑移面识别的重要参考依据。剪切应变增量越大，该处单元破损越严重，反之，破损程度低；而剪切应力越大，说明该处危险性越高，反之，危险性越低。以此为依据，分析边坡变形和应力分布特征，对潜在滑移面进行识别。

4.2.1 边坡内应力变形分布特性

在整理、分析监测数据时，考虑到1号监测线和2号监测线位于潜在滑移面之外、边坡底部基岩内，为突出边坡体应力变化情况、便于对比，只对基岩上部测线进行分析，得到3号、4号、5号和6号监测线的剪切应力曲线，如图4-3所示。

分析图4-3可知，监测单元剪切应力在水平方向上大致呈由内到外先增大后减小、竖直方向上由上到下递增的趋势，且各监测线的最大剪切应力点构成一个弧线（如图4-3中虚线所示），其位置形态均与边坡滑移面的分布特征相似，可为潜在滑移面的识别提供参考。另外，每条监测线剪切应力波动明显，充分说明岩层的非均质性使岩体内部的应力分布表现出高度的非线性特征，也说明了非均质性是导致局部区域应力集中的重要因素之一。

4.2.2 位移判别

大多边坡体的失稳滑移沿着滑动面进行，滑动面之上为滑动体，滑动面之下

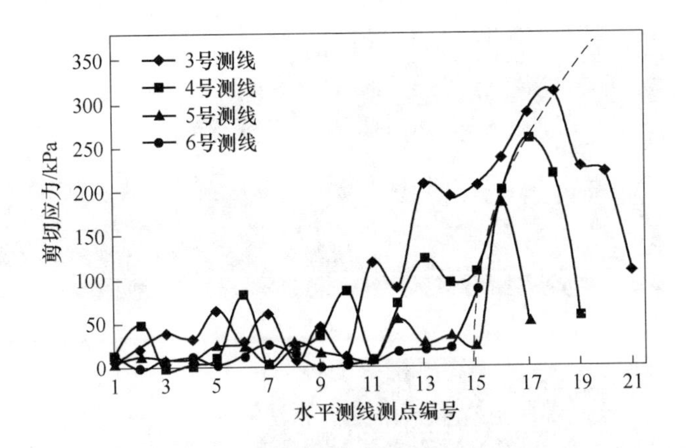

图 4-3　各监测线与监测点的剪切应力曲线

为稳定体，两者之间会发生变形集中，局部化剪切变形明显，产生明显的位移，而在滑动面之外相当于发生卸载，变形甚微。因此，局部化剪切变形集中可看成边坡体滑移的征兆。

图 4-4 给出了剪切应变增量云图和 X 方向位移等值线图。分析图 4-4（a）和（b）可知，边坡体内有条明显的剪应变增量带，主要分布于边坡水平面之上，从坡顶面延伸至坡脚，贯通整个边坡，构成边坡的潜在滑移区。剪应变增量带上端离坡顶线的距离大约为 35m，下边界延至边坡水平面下约 8m 处，带宽约 25m。随着加载时间的延长，剪切应变逐渐增大，待达到某临界值时，边坡被分成两部分，稳定体保持稳定，滑动体无限制滑移。单元的 X 方向位移既包括单元本体的变形，也包括滑动体的滑动位移，而在临界状态下，后者远大于前者。

由上述分析可知，边坡位移可作为判断潜在滑移面的参考，以位移等值线判断滑移面。如图 4-5 所示，位移等值线界线明显，位移值为 0.5 的等值线将边坡划分为两个区域，即滑动区和稳定区。在该等值线附件线密集、变化较大、位移值较小；在边坡临空面处等值线稀疏、变化较小、位移值较大，可认为是滑动区；位移值为 0.5 等值线的边坡内部位移值几近相同、位移值很小、无法形成等值线，可认为是稳定区，因此位移值为 0.5 的等值线即为潜在的滑移面。

4.2.3　潜在滑移面非线性拟合分析

根据边坡内位移等值线分布图，利用 Fish 语言提取边坡潜在滑移面单元的位置信息，用以求解潜在滑移面曲线方程。针对上述潜在滑移面形态，可对其提出两种较为合理的拟合模型假设：

（1）指数模型。模型曲线为：

$$z_1 = a_1 e^{b_1 x} + c_1 \tag{4-1}$$

式中　a_1，b_1，c_1——与边坡剪切面相关的待定参数。

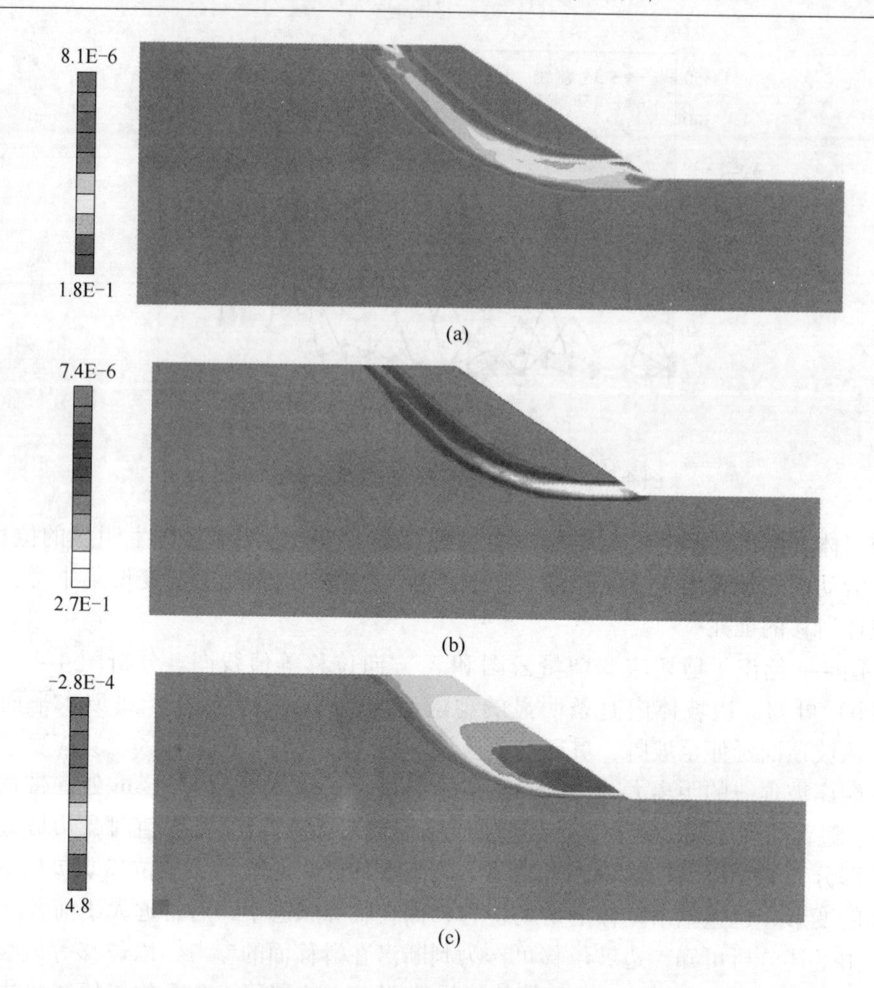

图 4-4　边坡潜在滑移面特征

（a）剪切应变增量云图；（b）平均剪切应变增量云图；（c）*X* 方向位移等值线图

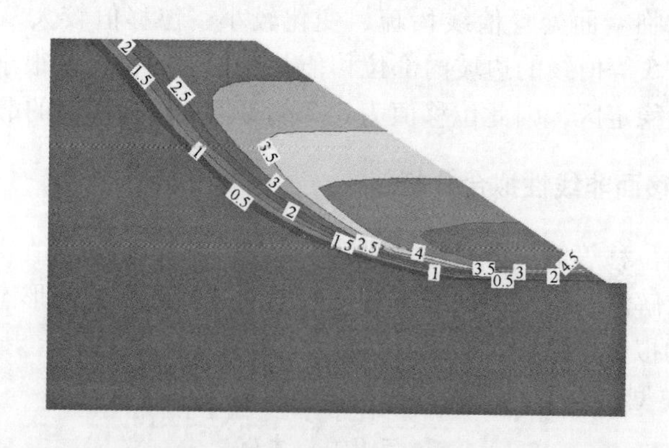

图 4-5　*X* 方向位移等值线图

（2）二次多项式模型。模型曲线为：

$$z_2 = a_2x^2 + b_2x + c_2 \tag{4-2}$$

式中　a_2，b_2，c_2——与边坡剪切面相关的待定参数。

根据模拟结果，可以得到一组边坡剪应变增量带单元坐标（x，z），见表4-2。为拟合模型曲线简洁以及排除对边坡模型坐标原点选取的影响，拟合曲线均以坡面与坡底面交点（320，80）为原点，相对坐标记为（x'，z'），见表4-2。

表4-2　剪应变增量带单元坐标

点　号	x	z	x'	z'
1	147.43	160.00	-172.57	80.00
2	153.52	153.92	-166.48	73.92
3	160.23	147.49	-159.77	67.49
4	164.76	141.93	-155.24	61.93
5	169.73	135.35	-150.27	55.35
6	176.89	127.17	-143.11	47.17
7	185.29	118.44	-134.71	38.44
8	191.24	113.03	-128.76	33.03
9	198.44	107.37	-121.56	27.37
10	216.83	96.66	-103.17	16.66
11	232.00	90.44	-88.00	10.44
12	243.98	86.34	-76.02	6.34
13	253.21	83.07	-66.79	3.07
14	262.97	82.07	-57.03	2.07
15	275.85	81.31	-44.15	1.31
16	320.00	80.00	0	0

根据抽取点坐标，拟合计算可得如下数据，见表4-3。

表4-3　潜在滑移面拟合参数

模　型	a	b	c	R^2
指　数	0.8275	-0.0278	-1	0.9859
二次多项式	0.0041	0.2415	0	0.9942

可得拟合曲线分别为：

$$z_1 = 0.8725e^{-0.0278x} - 1 \tag{4-3}$$

$$z_2 = 0.0041x^2 + 0.2415x \tag{4-4}$$

由 $R_1^2 < R_2^2$ 可知，第二种模型更加精确可靠，因此潜在滑移面曲线可以用二次多项式来代替，且曲线方程为：

$$z = 0.0041x^2 + 0.2415x \tag{4-5}$$

4.2.4　潜在滑移面临界深度

为了合理制定边坡维护和开采的计划，其潜在滑移面的相对位置十分重要。坡面是边坡体的关键观测对象。因此，潜在滑移面相对于坡面的临界深度就可以作为边坡维护和开采的参考依据。

根据所建立的边坡模型坐标系方向，以坡面线与坡底面线交点为原点，建立新的坐标系。假设边坡角为 α，可得坡面线的方程为：

$$z_S = -x\tan\alpha \tag{4-6}$$

根据式（4-4）和式（4-6），可以解得在同一高度 z 的水平面上潜在滑移面与坡面的距离为：

$$d_z = \frac{b + \sqrt{b^2 - 4a(c - z)}}{2a} - z\cot\alpha \tag{4-7}$$

将模拟的边坡模型参数代入式（4-7）中，可得此边坡模型的潜在滑移面与坡面的水平距离为：

$$d_z = \frac{0.2415 + \sqrt{0.0082z + 0.058}}{0.0082} - 1.483z \tag{4-8}$$

4.3　关键单元分析

边坡关键单元对边坡稳定性影响作用较大，其破坏可能成为边坡裂纹扩展和贯通的导火索，最终形成边坡的宏观破坏。因此，关键单元确定方法对于研究边坡稳定性具有重要意义。

4.3.1　关键单元原理

由以上分析可知，边坡体内部存在一个或多个潜在滑移面，潜在滑移面将边坡分离为稳定体和滑动体。稳定体和滑动体的连接部分可以看作由许多受力单元组成的连接承载体，连接承载体中包含多个岩性不同的连接单元组，每一连接单元组可认为是一个岩层的施力体，由许多受力单元体组成，如图 4-6 所示。

连接承载体的基本单元为受力单元体，各个受力单元体的力学环境相互作用、相互影响，呈现此消彼长的转化关系。图 4-7 给出了受力单元形态强度示意

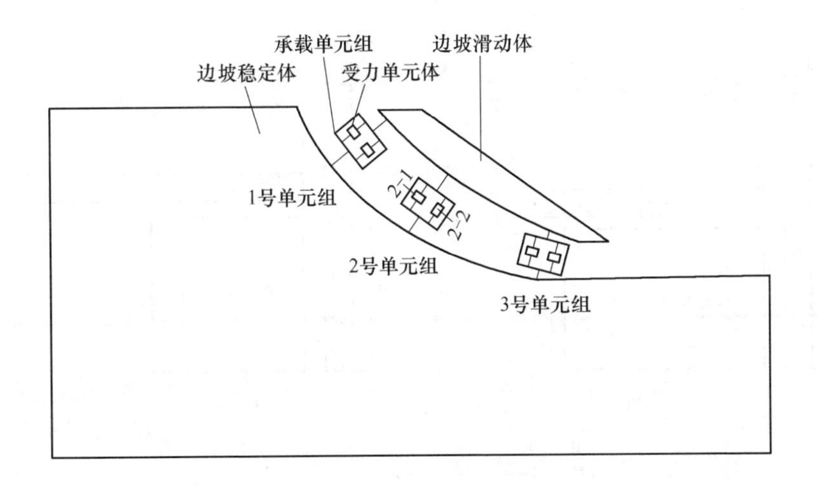

图4-6　边坡滑移面单元分析图

图，各个单元体形态表示出其变形和承载的现状，单元体纵向长度 a 代表其变形余量系数，横向长度 b 代表其强度余量系数，即：

$$a = \frac{\varepsilon_m - \varepsilon}{\varepsilon_m},\ b = \frac{\sigma_m - \sigma}{\sigma_m} \tag{4-9}$$

式中　ε_m——最大允许变形量；

ε——变形量；

σ_m——强度值；

σ——承受应力值。

由式（4-9）可知，a 值越小表示其变形破损程度越大，b 值越小表示其应力破坏的可能性越大，因此，形态强度图可以直观地表示出该单元体的承载大小和破损程度。图4-7（a）所示单元 $a<b$，则单元变形量大、承受应力小，说明该单元内部发生塑性破坏，承载力降低；图4-7（b）所示单元 $a=b$，则单元变形量与承受应力相当，说明该单元处于弹性阶段；图4-7（c）所示单元 $a>b$，则单元变形量小、承受应力大，说明该单元屈服应力较大，单位应变蓄积能较大，破坏前承载大、吸收能量多，破坏时易发生猛烈破坏，对连接承载体的整体变形影响较大。

由于单元体相互转化关系特性，单元体的变形破坏会增加其临近受力单元体的承载，继而造成临近受力单元体变形破裂发展的加剧，形成恶性破坏链，最终影响到边坡整体的变形失稳规律。因此，研究边坡整体的变形失稳规律就需要掌握各单元组及其单元体的力学性质和破坏特性。

单元体所处位置环境的不同和岩性的差异造成各个受力单元体承载强度和变形破坏特性不同，因而，对边坡整体变形的影响程序不同。对于工程实践和防治

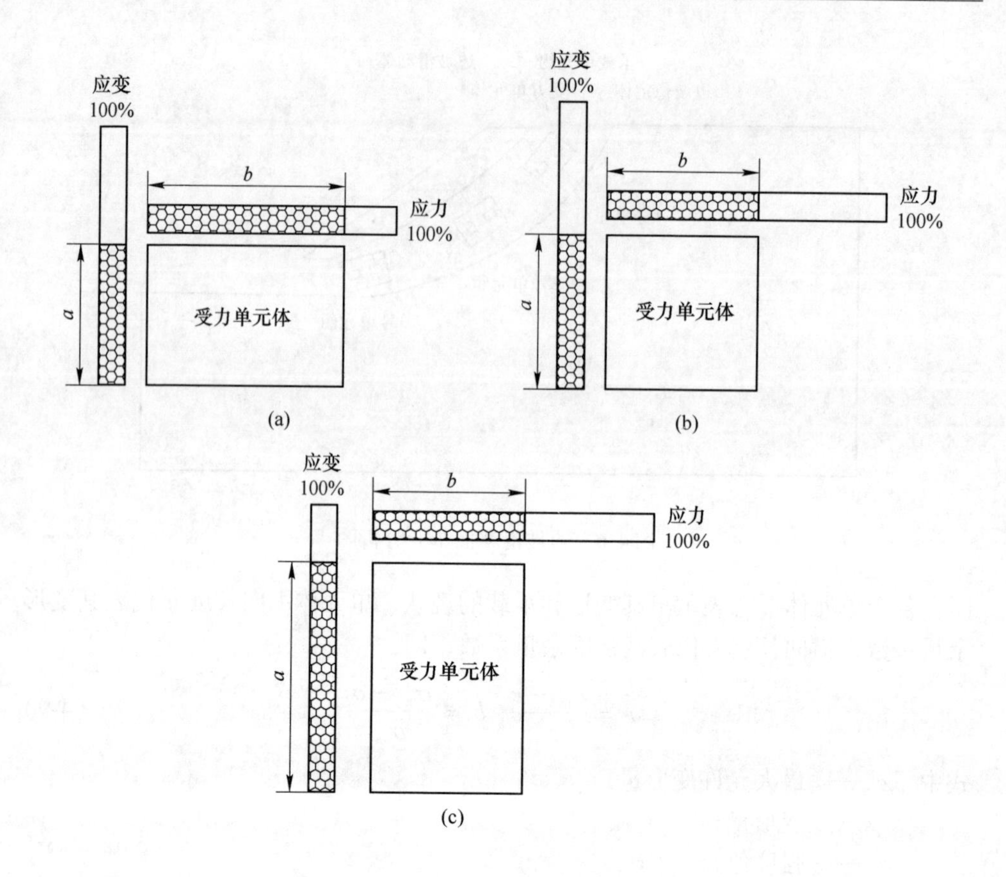

图 4-7　单元形态强度示意图

(a) $a<b$；(b) $a=b$；(c) $a>b$

措施上，我们最关心的是对边坡整体变形影响最大的单元体，即关键单元。如图 4-6 所示，1 号、3 号单元组中单元及 2 号单元组中 2-1 号单元 $a \geqslant b$，已发生塑性变形或将发生破坏，而 2-2 号单元 $a<b$，应力集中且变形较小，可认为是潜在滑移面的关键单元。

4.3.2　关键单元识别

以上述边坡模拟结果为基础，进行关键单元识别及其影响作用分析，探讨关键单元对边坡稳定性的影响。

4.3.2.1　*应力—位移分析*

由边坡潜在滑移面分布特征和监测数据，判断得到潜在滑移面上单元位置，从模型中导出面上单元的位移、应力值，得到潜在滑移面单元位移和应力分布特征曲线，如图4-8所示。

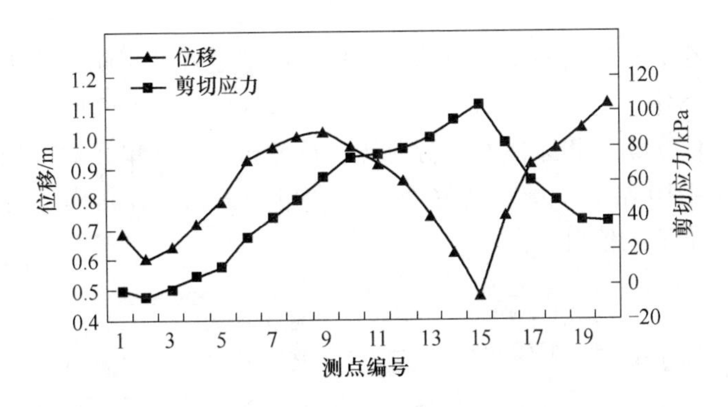

图4-8 滑移面上单元位移和剪切应力曲线

分析图4-8可知，由坡顶到坡脚，位移趋势为先增大后减小再增大，15号点为最小值；应力分布为先增大后减小，15号点为最大值。15号点剪切应力最大且位移最小，说明该单元的应变能蓄积能力远大于其他单元，又因存在应力集中情况，则该区域存在很大不稳定性，其破坏可能会较猛烈，对边坡影响较大，可能为关键单元。

4.3.2.2 位移等值线演化分析

图4-9给出了不同计算时步下位移演化图，从图中虚线框内演化情况可以看出：位移的变化是从step =6474图中*A*点虚线框开始增长，逐渐转向坡脚再由坡脚向上延伸，待位移增长到新的阶段，便开始新一轮的增长，位移最大值的起始点均相同，即*A*点。由此可推演至边坡位移演化之初，在边坡发生滑移时，*A*点必是致使边坡位移迅速增长的起始点，可能是由于*A*点的破坏导致边坡整体发生滑移的，即可认为*A*点为边坡的关键区域，这与上述位移—应力分析的结果相吻合。

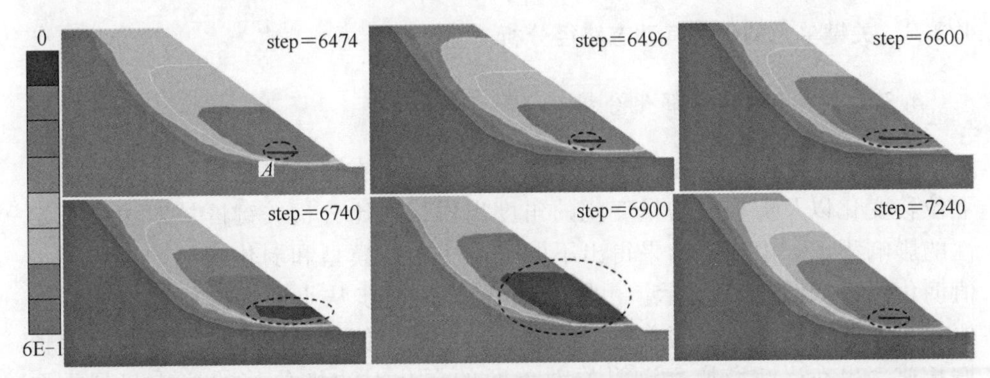

图4-9 不同计算时步下位移演化图

4.3.2.3 潜在滑移面上去除单元反分析

潜在滑移面上分布的各个受力单元对边坡的稳定性的影响作用大小不同，通过去除对象单元建立新模型，获得时步 step = 10000 时，新模型最大位移和剪应变增量数据，使新模型和原模型进行对比，反分析该去除单元对边坡变形破坏发展的影响。图 4-10 给出了潜在滑移面上单个单元去除后，新模型与原模型的位移和剪应变增量最大值对比图。

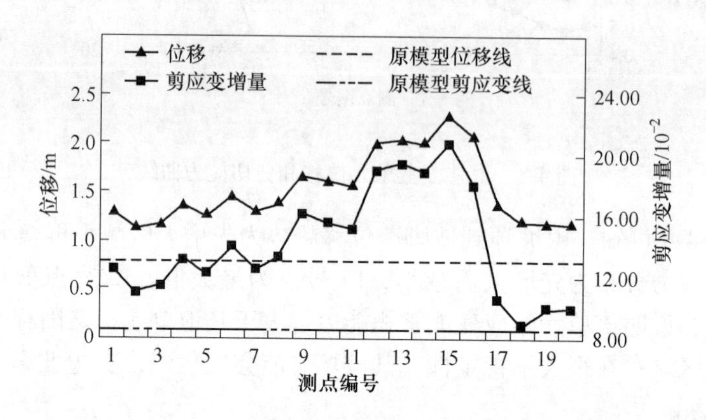

图 4-10 新模型和原始模型位移、剪应变增量对比图

由图 4-10 可知，由于对象单元的去除，新边坡模型产生的位移均高于原模型，且各单元去除后产生的位移增加值从坡顶向坡底呈现明显的波动增长，随后波动下降，在 15 号单元处达到峰值；新模型剪应变增量也相应地得到增加，增长趋势与位移相似，也是在 15 号单元处达到峰值。由此分析可知，潜在滑移面上 15 号单元对边坡变形破坏发展产生的影响最大，也是我们重点研究的对象，即潜在滑移面的关键单元。

4.3.3 关键单元弱化及其动态路径分析

4.3.3.1 关键区域弱化分析

根据上述分析，运用 Fish 语言对关键单元所在区域进行弱化，从等时步下位移变化以及剪应变增量变化的角度出发，对比分析关键区域对边坡稳定性的影响程度。由模拟结果得出不同时步下，原模型和弱化模型的位移最大值演化图，如图 4-11 所示。由图 4-11 可知，时步从小到大原模型位移最大值均小于弱化模型，且随着时步的增长，两者差值趋于增大的趋势，且差值增长速率也在逐渐增加，说明关键单元的弱化对边坡位移的演化起到重要作用。

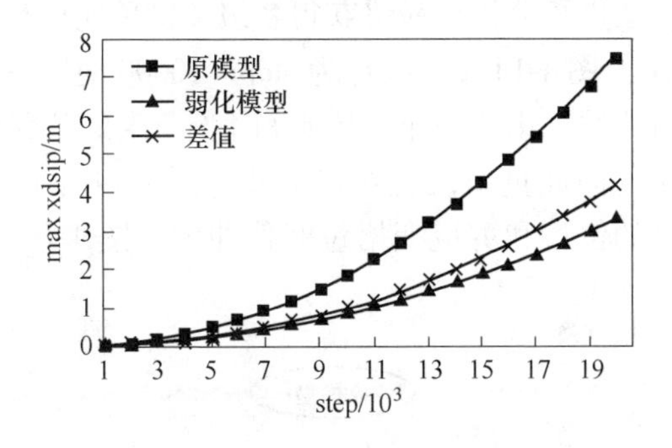

图 4-11 不同时步下位移峰值演化图

图 4-12 给出了不同时步下，原模型和弱化模型的剪应变增量最大值演化图。由图 4-12 可知，时步从小到大原模型剪应变增量最大值均小于弱化模型，且随着时步的增长，两者差值趋于增大的趋势，差值增长速率呈现先增大后趋于稳定的趋势，说明关键单元的弱化对边坡剪应变的演化产生了重要影响。

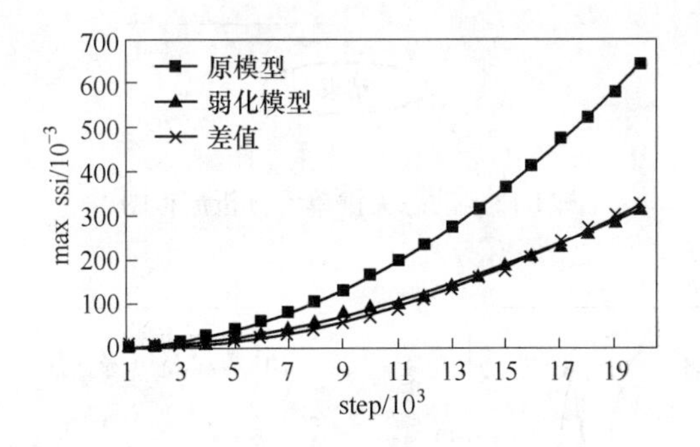

图 4-12 不同时步下剪应变峰值演化图

4.3.3.2 关键单元动态路径

边坡潜在滑移面是一个动态体，其内部不断发生应力和位移的重分布，尤其是在关键单元发生破坏、强度降低时。当原有关键单元变形至破坏、承载力降低时，新的关键单元会代替其发挥关键性的作用，虽然其影响性低于上一级关键单元，但其作用以及对其进行研究也是不可或缺的。因此，关键单元是一个动态变化的过程，对其动态路径的研究将对边坡防护方案的设计和实施有重要意义。本节继续运用去除单元反分析的方法对关键单元的转移路径进行研究，以获得其动态演化的规律。

以 4. 3. 2 节分析结果为依据，15 号单元为初始关键单元，并按照图 4-13 动态关键单元分析流程图进行分析。最终获得各级关键单元位移、剪切应变增量分析图，如图 4-14 所示。图 4-14(a) ~ (f) 为 step = 10000 时，各去除单元模型的位移和剪应变增量峰值曲线。由于 step = 10000 时步产生的位移量较大，不利于对关键单元的对比分析，因此重新设置对比时步。图 4-14(g) ~ (k) 为 step = 5000 时，各去除单元模型的位移和剪应变增量峰值曲线，图 4-14 (l) 之后对比时步设置为 step = 2000。

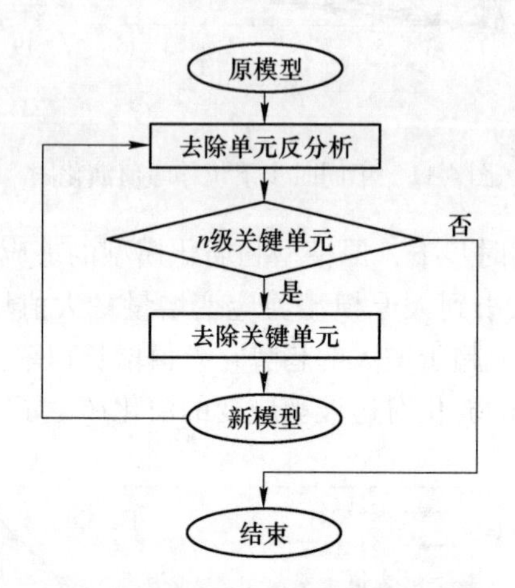

图 4-13 动态关键单元分析流程图

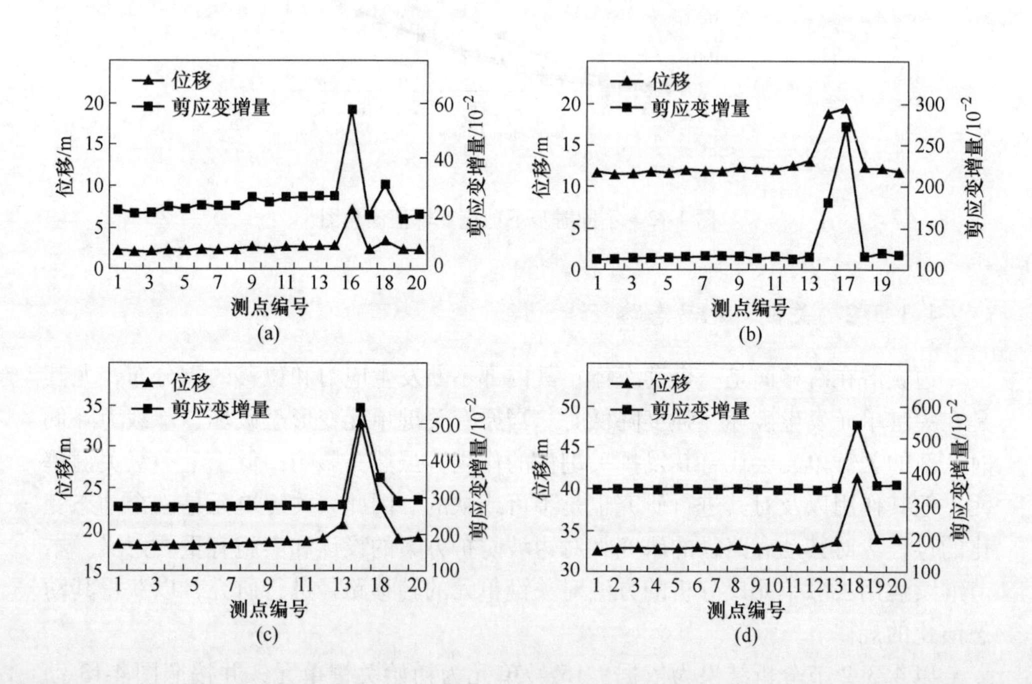

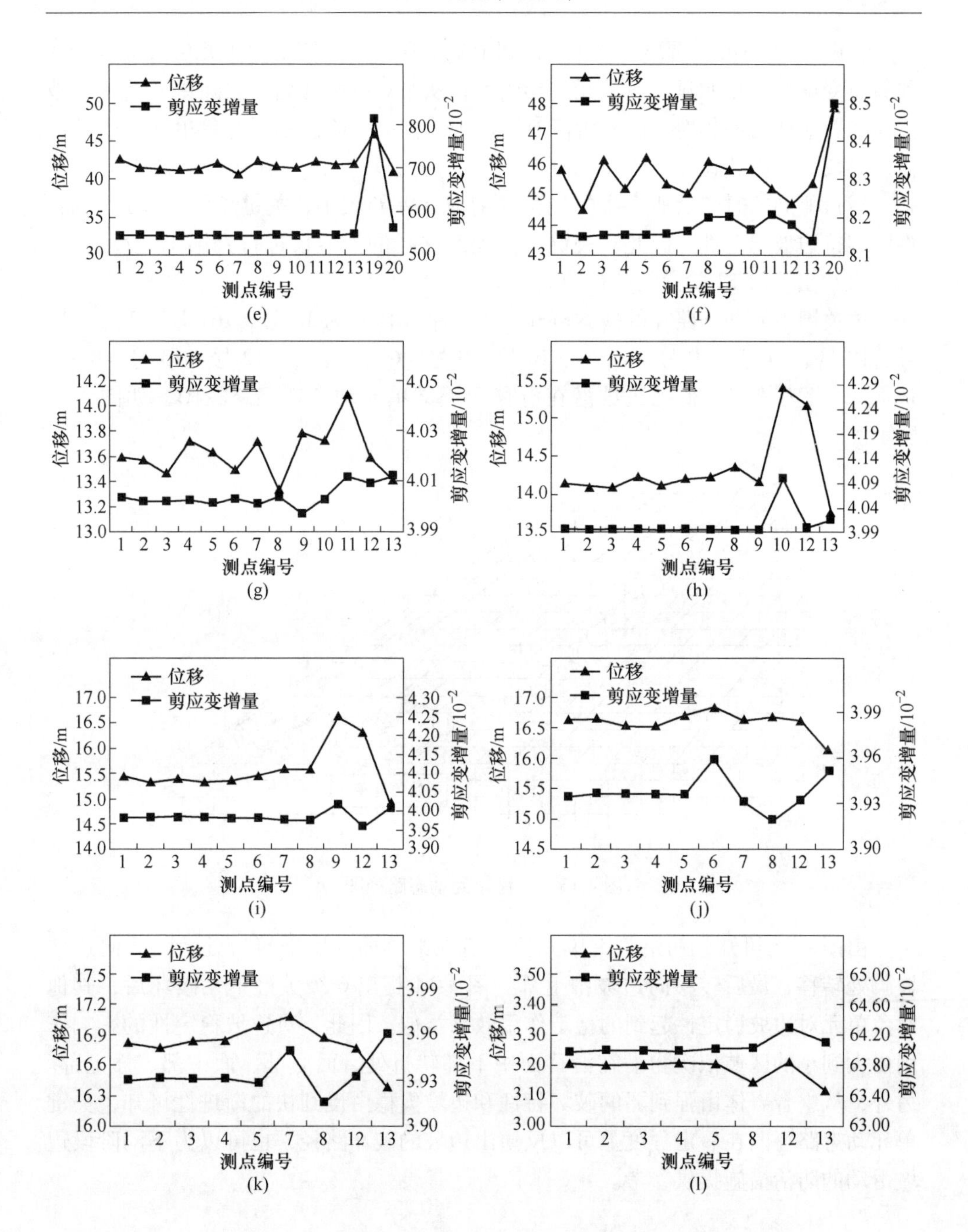

图 4-14 各级关键单元分析图

(a) 第 1 阶段 (16 号); (b) 第 2 阶段 (17 号); (c) 第 3 阶段 (14 号); (d) 第 4 阶段 (18 号); (e) 第 5 阶段 (19 号); (f) 第 6 阶段 (20 号); (g) 第 7 阶段 (11 号); (h) 第 8 阶段 (10 号); (i) 第 9 阶段 (9 号); (j) 第 10 阶段 (6 号); (k) 第 11 阶段 (7 号); (l) 第 12 阶段 (12 号)

从图4-14中可以看出，从第1阶段到第6阶段，去除对象单元后边坡的位移和剪应变增量变化明显，各单元差异较大；从第6阶段开始，去除单元后，边坡位移和剪应变增量相对于前一阶段有所增加，但同一阶段不同对象单元产生的变化差异较小。由此说明：在6级关键单元发生破坏后，边坡基本上处于失稳状态，运行相同的时步后所产生的位移和剪应变差异较小，关键单元的作用减弱，难以维持边坡稳定性。因此，关键单元动态路径的搜索仅进行到第16阶段，图4-14仅给出了前12阶段的分析图。

由关键单元动态路径的搜索可知，关键单元依次为15号、16号、17号、14号、18号、19号、20号、11号、10号、9号、6号、7号、12号、13号、8号、4号，以此为依据，得到边坡潜在滑移面关键单元动态转移路径图，如图4-15所示。

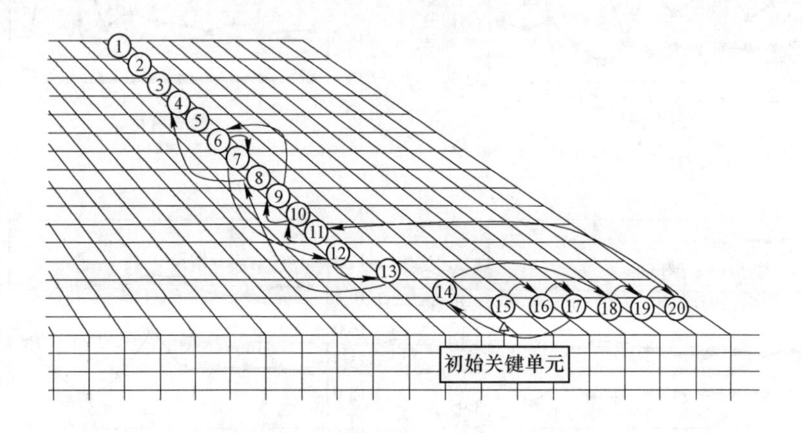

图4-15 关键单元动态路径图

由图4-15可知，初始关键单元位于潜在滑移面的底部转折处，随后向边坡坡脚处转移，最后转移向边坡中上部。图4-14指出6级关键单元破坏后，其他对象单元对边坡稳定性起到的稳定作用效果类似。因此，对边坡稳定性的影响作用由大到小的区域依次为潜在滑移面中下部转折处、面底部、面中部、面上部。另外，从组合岩体由强到弱的破坏特性和边坡失稳由慢到快的渐进性可知，关键单元动态路径图在一定程度上可以反演出边坡的破坏路径，也可以为不同阶段边坡滑动的防治措施提供参考。

4.4 本章小结

本章以所建立的非均质边坡模型为研究对象，对边坡稳定性开展了系统的模拟研究，分析了边坡体内变形和应力的分布情况，对边坡潜在滑移面、关键单元及其动态路径进行识别和分析，主要得到的结论如下：

（1）边坡体内有条明显的剪应变增量带，贯穿整个边坡体，形成潜在滑移面，运用二次多项式对其进行拟合，效果较好，获得了潜在滑移面临界深度函数。

（2）边坡潜在滑移面上存在关键单元，对边坡稳定性有重要影响作用，且随着时间的延长，关键单元的影响作用逐渐增强；边坡潜在滑移面关键单元处于动态变化之中，运用去除单元反分析法很好地获得了关键单元的动态路径。

（3）一般来说，初始关键单元位于潜在滑移面的底部转折处，随后向边坡坡脚处转移，最后转移向边坡中上部，且前6级关键单元对边坡稳定的影响作用远远大于6级之后的关键单元，得出对边坡稳定性的影响作用由大到小顺序依次为潜在滑移面下部转折处、面底部、面中部、面上部。

5　边坡关键单元岩体限制性剪切蠕变试验

基于本书的前部分内容可知，研究边坡时效特性及渐进破坏失稳规律的前提是掌握边坡关键单元在边坡潜在滑移面所处的力学环境中表现出的力学特性及其破坏特征。为实现此目标，需要得到边坡关键单元岩体的基本物理力学参数及其在限制性剪切蠕变载荷下的力学特性和破坏特性。因此，本章介绍了关键单元的力学环境和试验原理，并介绍了自行研制的软弱煤岩剪切蠕变试验装置、三维移动自动测控细观试验装置和自行开发的煤岩表面微结构动态演化细观监测软件。利用该试验设备和软件进行了关键单元岩体的限制性剪切试验、限制性剪切蠕变试验，得到了其基本物理力学参数及其在限制性剪切蠕变载荷下的力学特性、失稳破坏规律和细观破坏特性。

5.1　试验原理

人工岩质边坡内部存有潜在滑移面，滑移面上单元的力学环境为限制性剪切蠕变载荷，蠕变载荷源主要是滑移面上覆岩层自重。如果边坡整体形态和外界条件不发生变化，边坡内部岩体的力学环境可简化为载荷水平为上覆岩层自重的剪切蠕变试验模型。

由前述章节分析得知，岩体所承受载荷随着位置的变动而变动，且剪切角度也在发生变化，因此，为了更好的对边坡内部关键单元的力学特性进行同等研究，本试验采用多剪切角度、多载荷水平的试验方案，并依据前面章节的模拟分析结果，制定试验的载荷水平和剪切角度计划，试验原理如图 5-1 所示。

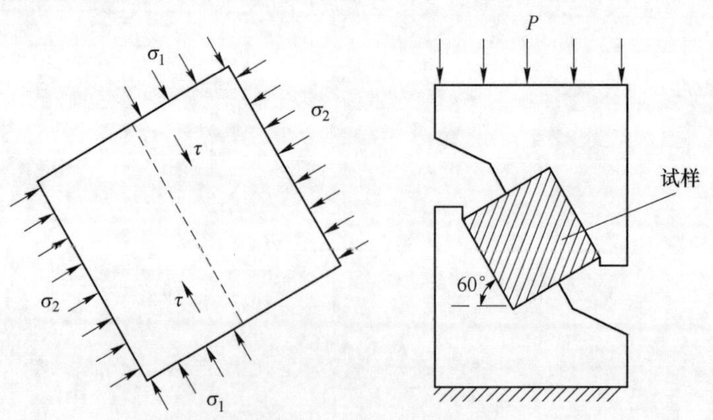

图 5-1　试验原理

5.2　岩石剪切蠕变试验装置的研制

岩石材料的宏观变形与细观破裂有密切联系，将两个尺度的研究进行结合很有必要。根据上述试验原理，试验装置要满足以下要求：要完成限制性的剪切试验；能够实现限制性的剪切蠕变试验；可以同时从宏观、细观两个尺度进行观测和数据采集。而现有仪器无法同时满足上述要求，相关器材也存在结构复杂、精度不足、价格昂贵等不足，使得试验的开展困难重重。因此，作者自行研制了剪切蠕变试验装置。

5.2.1　装置功能和特点

主要功能包括：(1) 限制性剪切试验；(2) 限制性剪切蠕变试验；(3) 具备稳定高性能加载系统；(4) 实现高精度动态位移监测；(5) 动态监测载荷；(6) 从细观角度动态监测裂隙。该装置简化了设备结构，解决了宏观、细观研究的相结合和动态实时监测等技术问题，提高了实用性。

5.2.2　装置设计简介

为了实现上述功能，该装置包括加载机构、剪切模具、恒载辅助机构、宏细观观测机构、数据动态采集系统及机架，如图5-2所示。

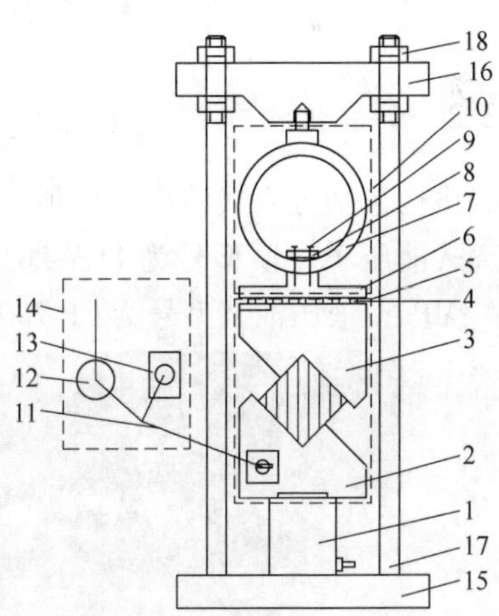

图5-2　剪切蠕变试验装置

1—加载机构；2—传载下模具；3—传载上模具；4—圆滚件；5—剪切模具；6—传压板；7—恒压环；8—连接板；9—螺栓；10—恒载辅助机构；11—固定支架；12—数显测量装置；13—微观监控装置；14—监测机构；15—承压底板；16—承压顶板；17—支撑架；18—螺母

5.2.2.1　剪切模具

剪切模具主要包括上模具、下模具和刚性滚动件，如图 5-3 所示。上模具与下模具均为具有固定角度的斜角模；试件尺寸为 100mm × 100mm，并配有不同角度的模具垫片，以实现不同尺寸、不同剪切角度的试验；垫片可以供 50mm × 50mm 的试件试验。上下模具及其垫片采用 Q345A（16Mn）钢材淬火制成，以增强模具的刚度、减少系统误差。上下模具之间安放试验对象，刚性滚动件位于上模具之上，以减少摩擦造成的误差；下模具下表面有凹槽，与加载机构的凸起面实现高效对接，减少安装位置造成的误差。

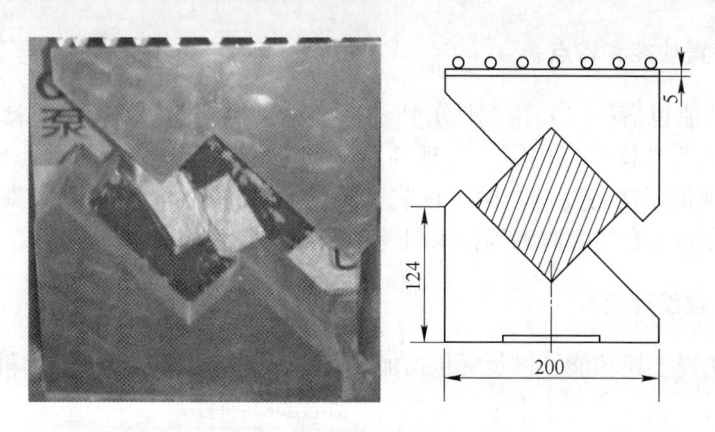

图 5-3　剪切模具

5.2.2.2　加载机构

该加载机构包括分离式液压千斤顶、液压油泵、恒压锤和油压表，如图 5-4 所示。分离式液压千斤顶型号为 FCY-20100，承载 20t，行程 100mm，承载强度可以达到 73MPa；液压油泵型号为 CP-700，配合 FCY-20100 液压千斤顶；恒压锤

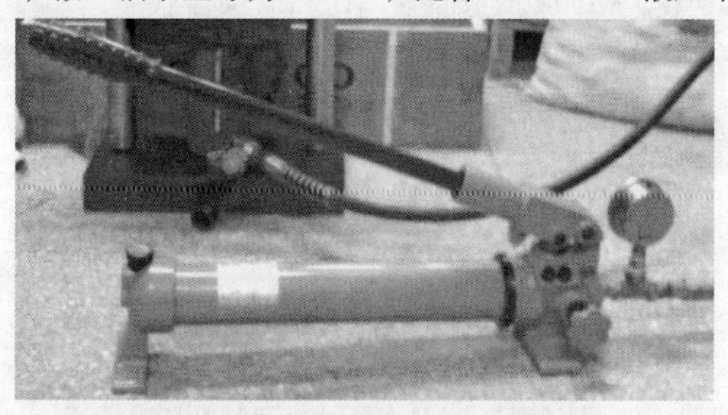

图 5-4　加载机构

连接在液压油泵的把手上，不同重量的恒压锤可实现不同压力的恒载。

5.2.2.3 恒载辅助机构

该机构包括恒压环、连接件和传压板，如图5-5所示。恒压环外径200mm、厚度15mm、宽度30mm，为高强度、高模量弹性圆环，可以保证蠕变荷载在小范围内保持恒定，弥补试验过程中因试件变形导致的压力锐减的不足；恒压环上端通过螺纹接头与顶板连接，下端与传压板连接件连接，以保持整体的稳定；连接件由带孔连接板和配套螺栓组成，传压板上部有螺纹孔，可通过螺栓连接连接板与传压板，连接板和传压板之间为恒压环，保持稳定。

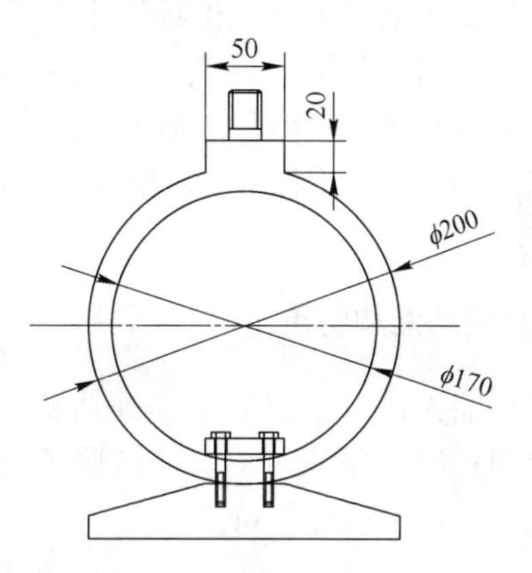

图5-5 恒载辅助机构

5.2.2.4 宏细观观测机构

该机构包括宏观位移监测装置、细观裂隙观测装置和固定装置，如图5-6所

宏观位移监测

细观裂隙观测

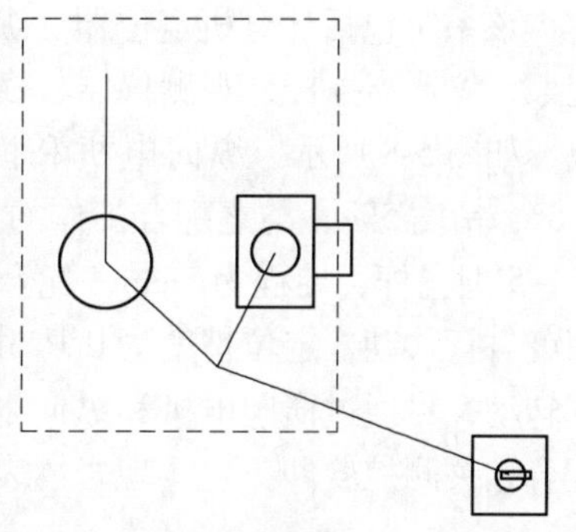

示意图

图5-6 宏细观观测机构

示。宏观位移监测装置为高精度数显千分表，量程 0 ~ 25.4mm，分辨率 0.001mm，精度为 ±0.003mm，配有连接电脑的数据线，可实现位移的高精度实时监测、数据的动态采集。细观裂隙观测装置为高清电子显微镜，放大倍数为 1 ~500 倍连续放大，镜头速率为 30f/s，可实现试件细微裂隙的实时观测、图像的动态采集。

5.3　三维移动自动测控细观试验装置的研制

在剪切蠕变试验中，从细观角度研究裂隙扩展对试件破坏特性研究有重要意义，细观尺度为纳米水平，视场极小，细观测量对移动精度和稳定性要求很高。另外，细观观测试件时，需要移动观测装置许多次，要顺利完成整个试件的观测，必须有高精度、自动化的器材。现有设备的移动方式、精度无法满足上述要求，难以进行试验。因此，作者自行研制了一套三维移动自动测控细观试验装置。

5.3.1　装置功能和特点

主要功能为：（1）立体平面高精度移动；（2）平面动态定位；（3）平面裂隙动态导向；（4）细观观测。该试验装置具有体积小、操作简单、定位精度高、导向性能好、稳定性好等特点。

5.3.2　装置设计简介

为实现上述功能，该三维移动自动测控细观试验装置，包括测距微调机构、测控定位系统、数据动态采集系统、升降机构、机架，如图 5-7 所示。

5.3.2.1　测控定位系统

该系统包括计算机定位器、纵向电机、纵向刻度丝杆、纵向滚珠螺母、仪器固定架、仪器支撑杆、观测仪器、横向电机、横向刻度丝杆、横向滚珠螺母、顺槽滑块，如图 5-8 所示。纵向电机和横向电机均为 57 两相混合型步进电机，步进角 1.8°，精度 5%，与之配合工作的是横向刻度丝杆和纵向刻度丝杆。刻度丝杆均为 16 – 5 型丝杆，导程为 5mm，配合步进电机，与之同步转动，可实现观测仪器的高精度自行移动，定位精度为 0.025mm。计算机定位器可以控制纵向电机和横向电机的转动，可通过横向电机和纵向电机控制观测仪器的三维移动，进行定位和导向，配合相关测控软件，可实现岩体表面裂纹的动态跟踪识别和动态扫描。

5.3.2.2　测距微调机构

该机构包括微调螺杆、滚珠螺母支撑座、固定座、微调旋钮、连接板、微调

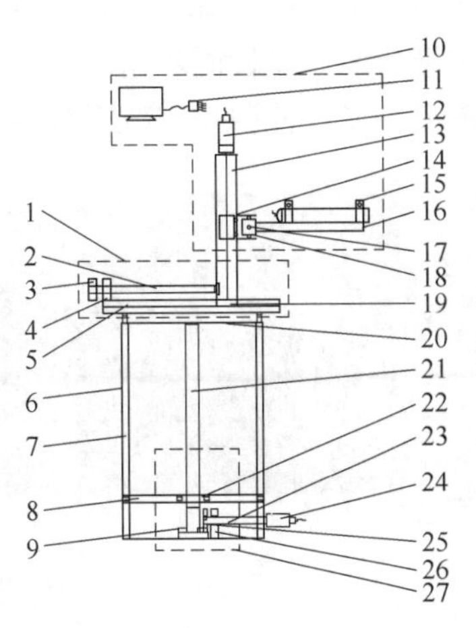

图 5-7 三维移动自动测控细观试验装置

1—测距微调机构；2—微调螺杆；3—微调旋钮；4—微调螺孔板；5—微调导轨；6—机架；7—升降顶柱；8—连接杆；9—水平传动轮；10—测控定位系统；11—计算机定位器；12—纵向电机；13—纵向刻度丝杆；14—纵向滚珠螺母；15—仪器固定架；16—仪器支撑杆；17—横向刻度丝杆；18—横向滚珠螺母；19—顺槽滑块；20—顶梁；21—升降螺柱；22—升降螺母；23—传动杆；24—升降电机；25—垂直传动轮；26—传动杆固定架；27—升降机构

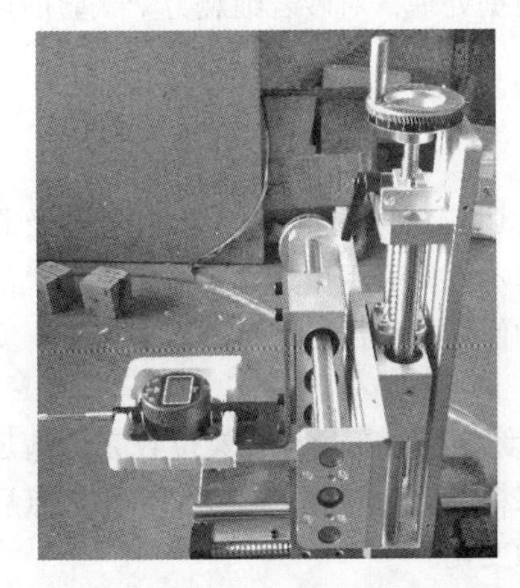

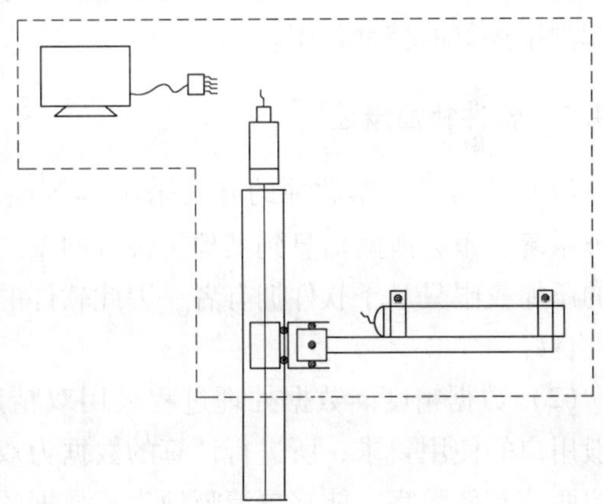

图 5-8 测控定位系统

导轨和滑块，如图 5-9 所示。微调螺杆为滚珠丝杠，导程为 5mm，调节分度值为 0.025mm，重复定位精度为 0.02 mm，由支撑座和固定座固定在顶板上，保证其稳定旋进。微调旋钮为带有刻度的圆盘，刻度分为两种，分别是角度和长度，可以记录和测量丝杆的推进距离，对其进行测距定位，保证观测装置的清晰度。微调导轨为 SBR 圆柱直线导轨，和方形滑块配合使用，支撑上面的测控机构，并通过滚珠螺母与滚珠丝杆同步运动，实现测控机构与观测对象之间的距离，导轨截面为三角形，能够使测控定位系统稳定平移。

图 5-9　测距微调机构

5.4　煤岩表面微结构动态演化三通道细观监测软件的开发

为了更好地开展细观力学试验，作者自行开发了煤岩表面微结构动态演化三维细观监测软件。该软件与细观力学试验装置相配套，从宏观和细观两个尺度进行试验过程中试件变化情况的三通道监测和数据处理，对砂岩细观力学试验的进行起到了很好的辅助作用。

5.4.1　软件特性概述

（1）安全性。本软件的开发采用 C/S 模式，软件运行仅限于自有电脑及其服务系统，不会泄露信息到其他文件或网站。本软件采用用户登录模式，用户信息的添加权限只赋予软件拥有者，因此软件的使用权和数据信息得到了保护，安全性良好。

（2）数据精度。数据处理过程采用双精度浮点数变量，有效位数完全满足一般用户的使用要求，所进行计算的数据为双精度 double 型，计算结果小数点后保留两位有效数字，能够更清晰地表示数据的变化。

（3）软件灵敏特性。软件程序经过信息简化操作，对相关程序多方调用的概率以及负责程度的综合考虑，将实现不同功能程序的分离化，单独运行，提高了程序的运行速度、数据的处理速度以及数据处理的精确度。

5.4.2　软件功能概述

本软件共包括七大模块，分别为用户登录、试验信息、宏观采集、动态显示、细观采集、后期处理、裂纹识别报警模块，实现试验的三通道数据和三通道图像的采集、整理、处理、展示和保存以及裂纹识别报警等功能。

（1）基本信息。试验信息模块主要功能是试验详细信息的录入和采集，以便于实验人员对试验数据的整理和查找，基本信息页包括试验项目信息、试件规格信息、试验条件信息以及对试件的描述。

（2）宏观采集。宏观采集模块包含通道一、通道二、通道三和综合通道四个页面，主要功能是获取三个分通道的煤岩细观力学试验试件的宏观位移和变形，包括设备端口的识别和设置，位移信息的显示、手动采集和自动采集（如图5-10所示），数据的展示、删除和保存，数据的加载等。

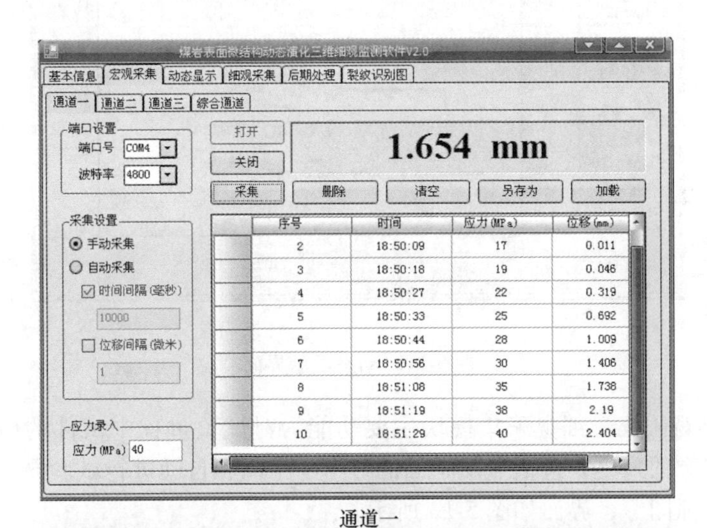

通道一

综合通道

图5-10 数据自动采集运行界面及综合通道界面

（3）动态显示。动态显示模块主要功能是对宏观数据以动态曲线形式进行展示，包括四种通道形式和四种曲线形式。综合曲线动态显示功能是位移—时间曲线、应力—时间曲线的叠加显示。从位移、应力和时间之间关系的两个角度观察试验的进行情况，如图5-11所示。

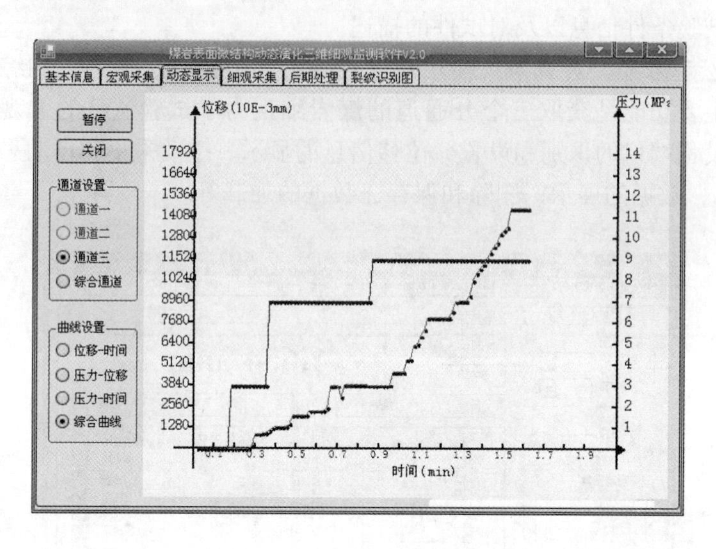

图5-11 动态显示界面

（4）细观采集。细观采集模块主要功能为对试验过程中试件的破坏情况进行监视、图像的采集，包括显微画面的显示、手动和自动进行试验录像、手动和自动地进行抓图等，界面如图5-12所示。

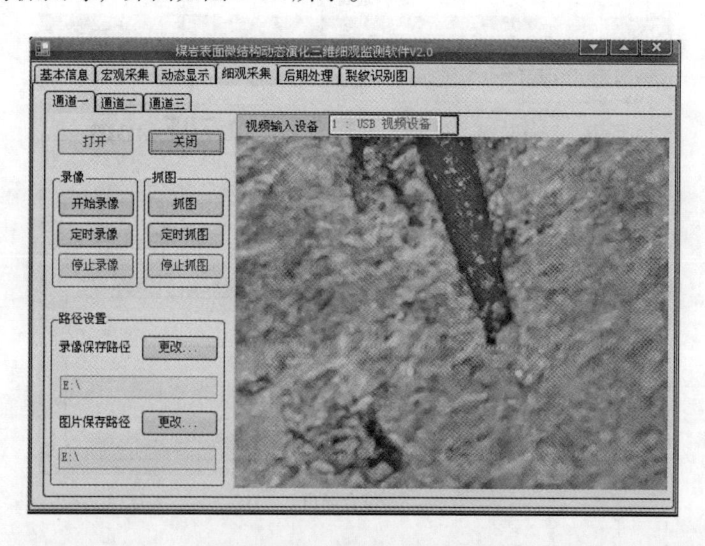

图5-12 显微画面显示界面

(5) 后期处理。后期处理模块包含三个子模块，分别为数据处理、曲线拟合和细观回放，主要功能为数据转化、误差判别、数据整理、数据分析、曲线拟合以及录像和抓图的回放。

(6) 裂纹识别报警。裂纹识别报警模块主要功能为对试验试件产生裂纹的自动识别和报警，包括对显微图像的采集、处理、边缘检测、裂纹识别、报警、裂纹图保存以及识别报警设置等功能，如图 5-13 所示。

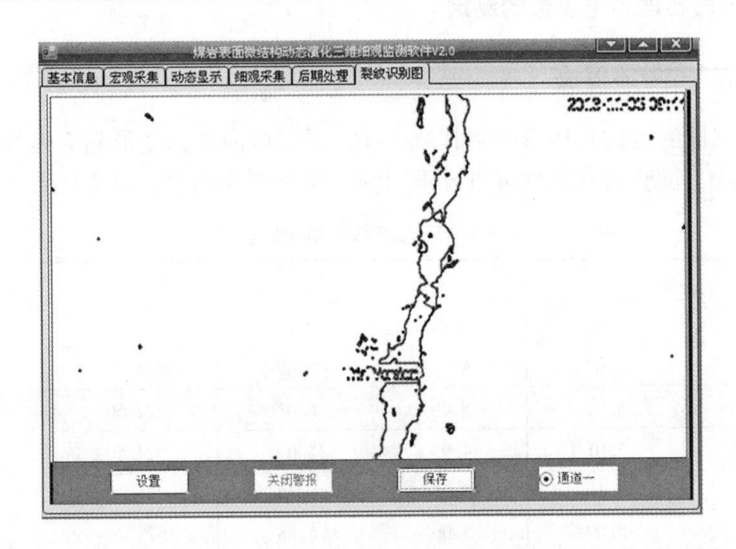

图 5-13 裂纹自动识别结果图界面

5.5 限制性剪切试验研究

限制性剪切蠕变试验是研究边坡潜在滑移面关键单元力学性质的一种途径。在进行限制性剪切蠕变试验前，需要获得研究试件的基本物理力学参数，尤其是剪切力学性质，包括剪切变形和剪切强度，这也是研究边坡时效特性的最基本和最本质的依据。为此，本节系统地开展了一系列边坡关键单元砂岩剪切试验，获得了砂岩试件的剪切力学性质参数，为下一阶段的剪切蠕变试验的开展提供了理论和实践依据。

5.5.1 试验方案

(1) 本试验对象为边坡关键单元砂岩，外形为 50mm 立方体。试验前，先进行试件的编号，然后测量基本物理参数，并做好记录。利用超声波检测仪，对异常试件进行剔除。

(2) 剪切试验采用自行研发的剪切蠕变试验装置和监测软件，采集变形、载荷和细观裂隙等数据，同时进行超声波探测，并记录波速变化情况。采用载荷控制的加载方式，加载速率为2MPa/min，每组3~5块试件。

(3) 依据砂岩剪切试验取得的位移、载荷和超声波波速等数据，分析砂岩在限制性剪切载荷作用下的变形特性、强度特性及其破坏特性，并以此为依据，确定砂岩剪切蠕变试验的载荷水平。

5.5.2 砂岩物理力学参数的测定

5.5.2.1 砂岩容重

砂岩试样的容重直接影响到其致密性，对试样内部的变形和应力分布有重要影响。因此，试验前对试件进行容重的统一测定十分必要，测定结果见表5-1。

表5-1 砂岩试样容重测定结果

试件编号	尺寸/cm			质量/g	容重/g · cm^{-3}
	*X*轴	*Y*轴	*Z*轴		
1	5.02	4.95	5.00	323.20	2.60
2	5.01	5.00	5.01	322.50	2.57
3	5.01	4.93	5.09	321.50	2.56
4	5.10	4.95	5.10	331.10	2.57
5	5.00	5.00	5.08	327.40	2.58
6	4.95	5.06	5.01	323.60	2.58
7	5.07	5.00	5.02	326.10	2.56
8	4.98	5.08	5.00	317.80	2.51
9	5.00	5.10	5.00	331.70	2.60
10	5.09	5.12	5.11	331.10	2.49
11	5.03	5.04	5.18	324.20	2.47
12	5.08	5.01	5.07	319.40	2.47
13	5.02	5.01	5.13	317.70	2.46
14	4.90	5.00	5.15	322.00	2.55
15	4.92	4.99	5.05	316.60	2.55
16	5.02	5.01	5.09	329.40	2.57
17	5.05	5.02	5.08	327.20	2.54
18	5.02	5.09	5.02	327.50	2.55
19	5.05	5.00	5.00	322.70	2.56
20	5.01	4.99	5.09	328.50	2.58
平均值					2.55
标准差					0.043

由表5-1可知，砂岩的容重平均值为2.55g/cm^3，标准差为0.043g/cm^3，说明该批试样的容重离散性很小，满足试验对试件性质平行度的要求。

5.5.2.2 砂岩孔隙度测定

砂岩试样的孔隙度是反映试样内部孔隙多少的重要依据，岩石内部孔隙的多少直接影响到试样内部孔隙和裂隙的孕育、聚集和发展，对试件的变形破坏有重要影响。因此，试验前对试件的孔隙度进行统一测定十分必要，测定结果见表5-2。

表5-2 砂岩试样孔隙度测定结果

试件编号	质量/g	浸水质量/g			孔隙度/%
		浸水2d	浸水4d	浸水6d	
1	323.20	327.80	328.10	328.10	3.94
2	322.50	327.60	327.80	327.80	4.22
3	321.50	326.70	326.90	327.00	4.37
4	331.10	335.70	335.90	335.90	3.73
5	327.40	331.20	331.90	331.90	3.54
6	323.60	328.20	328.60	328.70	4.06
7	326.10	329.10	330.50	330.50	3.46
8	317.80	321.60	322.80	322.80	3.95
9	331.70	335.10	336.10	336.20	3.53
10	331.10	336.10	336.30	336.30	3.90
11	324.20	329.50	329.70	329.70	4.18
12	319.40	323.30	324.50	324.50	3.95
13	317.70	322.20	322.50	322.50	3.72
14	322.00	326.40	326.80	326.90	3.88
15	316.60	320.80	321.00	321.00	3.55
16	329.40	334.10	334.20	334.20	3.75
17	327.20	330.90	334.60	334.70	5.82
18	327.50	331.60	331.90	331.90	3.43
19	322.70	328.20	328.70	328.70	4.75
20	328.50	331.60	331.70	331.70	2.51
平均值					3.91
标准差					0.635

由表5-2可知，砂岩试样的孔隙度平均值为3.91%，说明砂岩试样总体的孔

隙度较小，试件内部致密性好，也反映出其强度较大、塑性变形和渗透性较小。另外，试样孔隙度的标准差为 0.635%，进一步说明试件的离散性较小，物理力学性质较均匀。

5.5.2.3　超声波波速测定结果

超声波频率大于 20kHz，其波长较短，方向性好，能够穿透不透明的物质，能够对材料进行内部缺陷的检测，是目前材料无损检测的有效方法之一。因此，利用超声波检测仪对砂岩试样不同方向的孔隙度进行测定，检测试样各向异性的差异程度，检测结果见表 5-3。

表 5-3　砂岩试样超声波测定结果

试件编号	超声波波速/$m \cdot s^{-1}$				
	X 轴	Y 轴	Z 轴	平均	标准差
1	2381.00	2427.67	2404.00	2404.22	23.33
2	2373.67	2358.33	2352.33	2361.44	11.00
3	2336.33	2353.00	2352.67	2347.33	9.53
4	2315.00	2294.00	2280.00	2296.33	17.62
5	2032.67	2155.67	2156.67	2115.00	71.30
6	2022.00	2102.00	2089.33	2071.11	43.00
7	2150.00	2131.33	2114.00	2131.78	18.00
8	2259.33	2113.00	2208.00	2193.44	74.24
9	2021.67	2078.33	2077.67	2059.22	32.53
10	2125.00	2027.33	2174.00	2108.78	74.67
11	2193.00	2060.67	2108.33	2120.67	67.02
12	2163.33	2180.33	2119.00	2154.22	31.67
13	2175.33	2156.33	2095.00	2142.22	41.98
14	2101.00	2101.00	2119.00	2107.00	10.39
15	2051.33	2140.33	2107.00	2099.56	44.96
16	2174.00	2066.00	2218.67	2152.89	78.49
17	2101.00	2033.00	2077.33	2070.44	34.52
18	2161.67	2103.67	2119.67	2128.33	29.96
19	2119.00	2038.33	2071.67	2076.33	40.54
20	2095.33	2107.00	2131.00	2111.11	18.19
平均值				2162.57	38.65
标准差				103.9	

由表 5-3 可知，测定砂岩试件的超声波波速总体的平均值为 2162.57m/s，标准差为 103.9m/s，为总体平均值的 4.81%，说明砂岩试样的超声波波速总体上离散性较小，该批次试样较均匀。砂岩试件三个方向超声波波速的标准差平均值为 38.65m/s，为总体平均值的 1.79%，砂岩试件三个方向的性质差异性较小，各向较均匀。

由砂岩物理力学各个参数的测定结果可知，该批次砂岩试样总体上均匀性较好，且各向性质的差异性较小。因此，在一定程度上所做试验可以不考虑各试件间物理力学特性的差异性以及同一个试件的各向差异性，简化了试验的步骤，为试验效率的提高创造了条件。

5.5.3 限制性剪切试验结果及分析

5.5.3.1 剪切载荷—应变关系

通过一系列的试验，得到了不同砂岩试样在限制性剪切载荷下的应力—应变曲线，如图 5-14 所示。

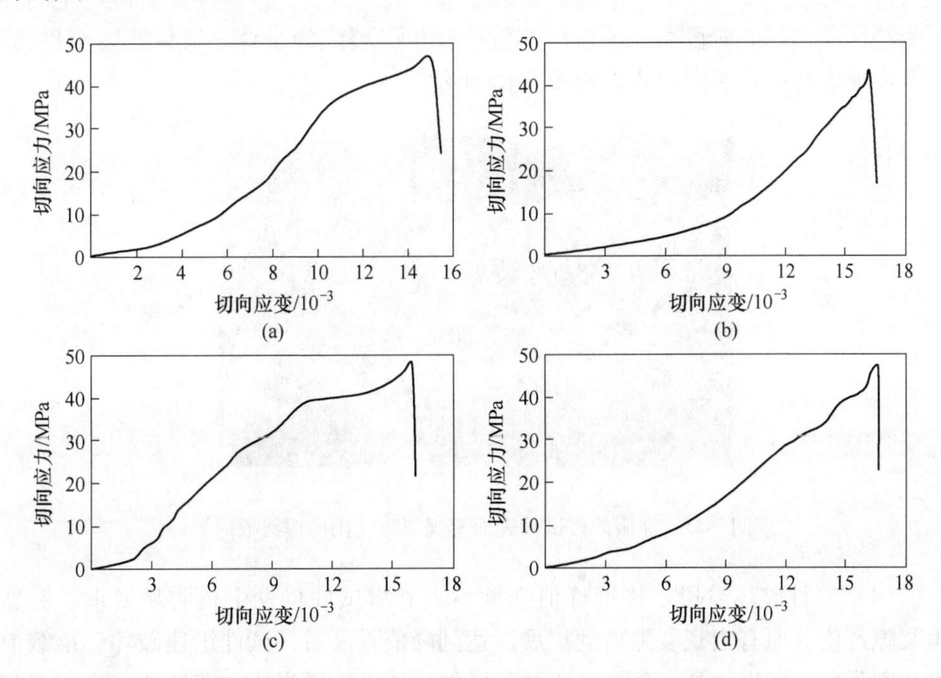

图 5-14 限制性剪切载荷下砂岩应力—应变曲线
(a) S-1 试件；(b) S-2 试件；(c) S-3 试件；(d) S-4 试件

由图 5-14 可知，砂岩在限制性剪切载荷作用下，破坏前会发生较大的变形，其变形来源于两个部分：一部分是砂岩内部孔隙、裂隙被压密所产生的变形；另一部分是砂岩内部结构平衡被打破，结构在高压力下发生重组引起的变形。砂岩试件在限制性剪切载荷作用下，经历了不同程度的压密阶段、线弹性阶段和屈服阶段。

（1）压密阶段。砂岩试件内部存在不均匀的孔隙和裂隙，在限制性剪切荷载下，当孔隙、裂隙受到的压力超过其最大承受值时，即发生闭合或破裂，孔隙、裂隙承受强度较小，表现为在加载初期即发生闭合，产生较大的变形。如 S-2 和 S-4 试件在压密阶段发生的变形较为明显。

（2）线弹性阶段。此阶段应力—应变曲线呈直线型，且维持时间较长，如 S-3 和 S-4 试件。此阶段内可能是组成砂岩的颗粒结构在较大压力下发生了局部调整、重组，产生了部分变形，或是砂岩内部颗粒结构发生破坏，重新压密堆积而产生新变形。前一种情况可能含有弹性变形，部分可恢复；后一种情况则为永久变形，不可恢复，这与循环加卸载试验现象相吻合。

（3）屈服阶段。砂岩试件的应力—应变曲线存在不同程度的屈服阶段，如 S-1 和 S-3 试件的屈服阶段较为明显，S-2 和 S-4 试件则不明显。此阶段的应力值较为接近峰值强度，使试件的变形由弹性进入塑性阶段，砂岩在此阶段产生的变形为塑性变形。此阶段中，砂岩内部发生新生微裂隙的孕育、聚集发展至贯通，直至形成宏观破坏裂隙为止，如图 5-15 所示。

图 5-15　屈服阶段试件表面宏观裂隙（图中虚线框内）

（4）脆性破坏阶段。接近峰值强度后，砂岩试件仍发生较明显变形，有新生裂隙产生，原有宏观裂隙得到扩展。达到峰值强度后，试件迅速破坏，承载能力急剧降低，变形强烈。现场处于此阶段的岩体，由于岩体内存储的应变能得到急剧释放，因而可能发生岩爆。砂岩试件发生破坏的形式如图 5-16 所示。

5.5.3.2　剪切载荷—超声波波速关系

在部分试件的限制性剪切试验中，同步进行了剪切载荷作用下砂岩超声波定

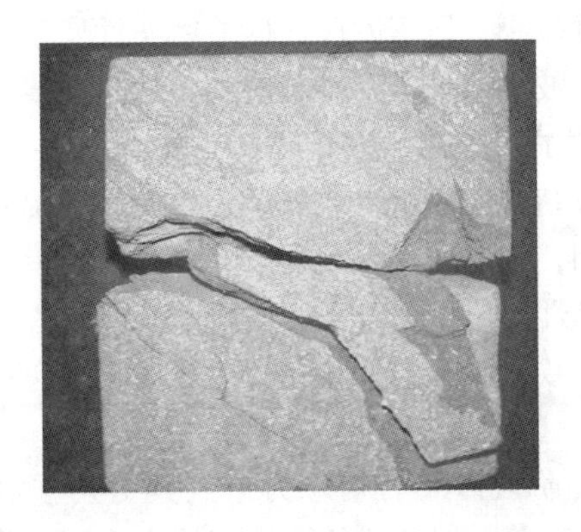

图 5-16 限制性剪切荷载下砂岩试件破坏形式

点检测试验，得到了剪切应力—波速曲线，如图 5-17 所示。

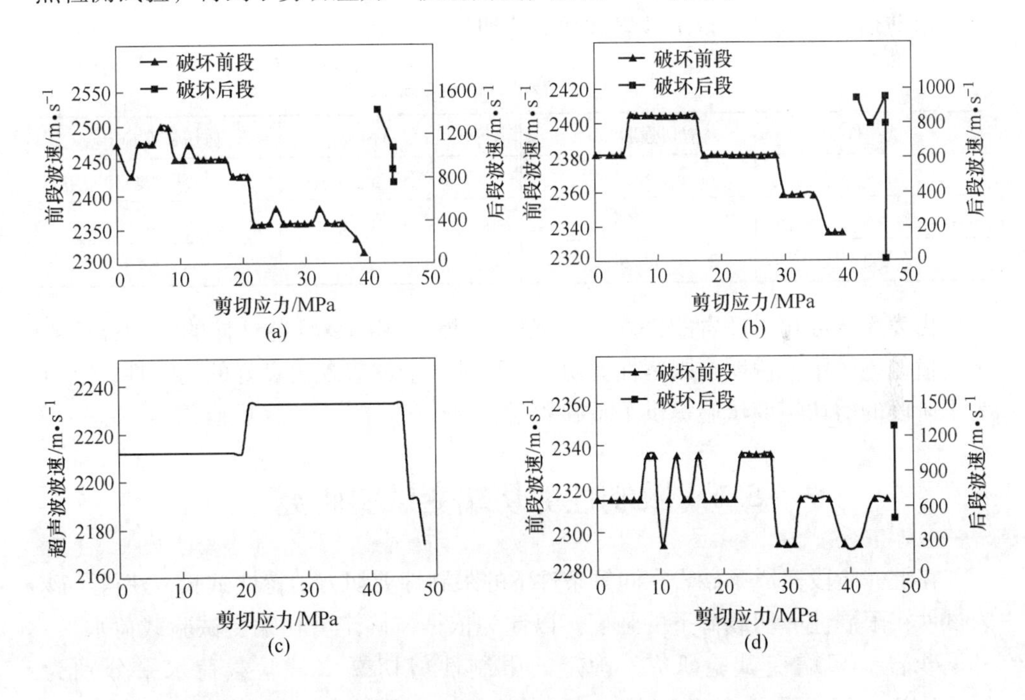

图 5-17 限制性剪切载荷作用下砂岩应力—超声波波速曲线

（a）S-1 试件；（b）S-2 试件；（c）S-3 试件；（d）S-4 试件

由图 5-17 可知，在限制性剪切载荷的作用下，砂岩试件测定的超声波波速随剪切应力的增加大致可分为两段：破坏前段和破坏后段。

（1）破坏前段。波速波动较大，呈现出先平稳、后波动增长、再波动下降的趋势。平稳段砂岩应力—波速曲线呈水平直线，对应着砂岩试件的压密阶段，可能因为砂岩的孔隙度较小，压密阶段使砂岩密实性发生的变化较小，没能影响到超声波波速的变化。波动增长段，砂岩应力—波速曲线波动较大，但波速总体上在增加，增加量不明显，此阶段对应着砂岩的线弹性阶段的前半段。此过程中，砂岩试件颗粒组成结构发生重组或破坏，致使其内部发生质的微变化，使砂岩密实性和连续性增加，波速增加。波动下降段，曲线呈现阶梯下降的趋势，此阶段对应着砂岩的线弹性阶段后部分和屈服阶段。此过程中，砂岩新生微裂隙得到发育、聚集、扩展，致使砂岩内部孔隙裂隙增多，密实性和不连续性增加，波速微弱降低。

（2）破坏后段。此阶段砂岩剪切应力达到其剪切强度，发生宏观破坏，产生宏观裂隙，波速急剧下降，时段极短，大多发生在试件将要破坏的瞬间。

5.5.3.3　剪切强度

由剪切试验数据，得出砂岩试样的剪切强度，见表5-4。

表5-4　砂岩试样的剪切强度

试　件	剪切强度/MPa	试　件	剪切强度/MPa
S-1	45.94	S-4	47.09
S-2	43.65	平均值	46.23
S-3	48.24		

由表5-4可知，砂岩的平均剪切强度为46.23MPa，且各试样的剪切强度离平均值偏差较小，说明在限制性剪切载荷下砂岩能够表现出良好的均匀性，这也为下阶段的剪切蠕变试验提供了基础数据。

5.6　限制性剪切蠕变试验研究

在上一阶段完成了砂岩在同等条件下的限制性剪切力学特性试验，获得了砂岩试件在限制性剪切载荷下的强度。以此为依据，确定剪切蠕变试验载荷水平，开展砂岩剪切蠕变试验研究。确定的限制性剪切蠕变试验载荷水平分别为17.23MPa、22.97MPa、28.71MPa、34.46MPa，分别为红砂岩剪切强度的37%、50%、62%、75%，如图5-18所示。

5.6.1　剪切蠕变试验结果

图5-19给出了不同剪切应力水平下的砂岩限制性剪切蠕变试验曲线，本章节仅对SC-1和SC-2试件试验数据进行重点分析。

试验采用单体分级的加载方式，前一级载荷使试件产生不可逆的塑性变形，

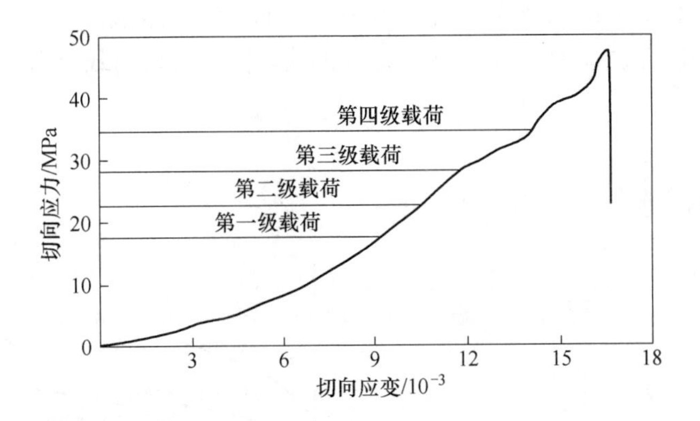

图 5-18　砂岩剪切蠕变载荷水平

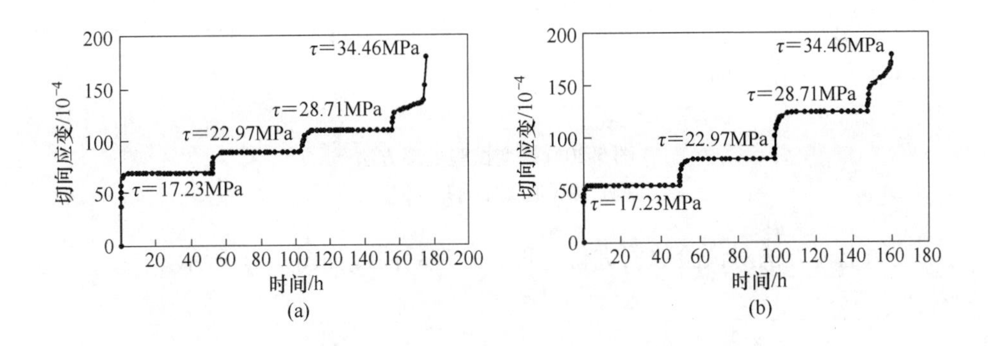

图 5-19　砂岩限制性剪切蠕变试验曲线
（a）SC-1 试件；（b）SC-2 试件

而这一变形会对下一级载荷产生的变形产生影响，造成试验数据的误差增大。为了减小载荷加载历史产生的误差，真实揭示在不同应力水平下限制性剪切蠕变特性，在进行试验数据的后期处理时，需要考虑到加载历史的影响。

如图 5-20 所示，文献介绍了该问题的处理方法，即陈氏加载法。第一级载荷的作用时间为 $t=0\sim t_0$，试件的变形为恒定载荷 $\sigma_1=\Delta\sigma$ 产生的剪切蠕变变形。在 $t=0\sim t_0$ 处，试件的蠕变状态已进入稳定阶段，若在 t_0 处继续保持载荷恒定为第一级载荷，则试件的蠕变变形累积值会沿图中虚线进行，若在 t_0 处施加下一级载荷，则上一级载荷在虚线段增加的变形会附加到第二级载荷中，使第二级载荷的蠕变变形增大。因此，按照上述原理，首先得到增量载荷 $\Delta\sigma$ 在某时间点产生的伪位移，从伪位移中减去在该时间点上一级载荷产生的延续位移（虚线段），得到增量载荷 $\Delta\sigma$ 产生的实际蠕变增量 $\Delta\varepsilon$，然后找到第一级载荷以 $t=0$ 作为时间起点的蠕变值、叠加载荷 $\Delta\sigma$ 以 t_0 作为时间起点的实际蠕变增量 $\Delta\varepsilon$，两者在同一加载时长的时间点的和即为第二级载荷以 $t=0$ 作为时间起点的消除加载历史影响的真实蠕变值，即一次性载荷为 $\sigma_2=2\Delta\sigma$ 的蠕变曲线。同理可得到载荷水平为：

$$\sigma_n = \sum_{1}^{n} \Delta\sigma_i$$

的单次加载蠕变曲线，见图 5-20（b）。

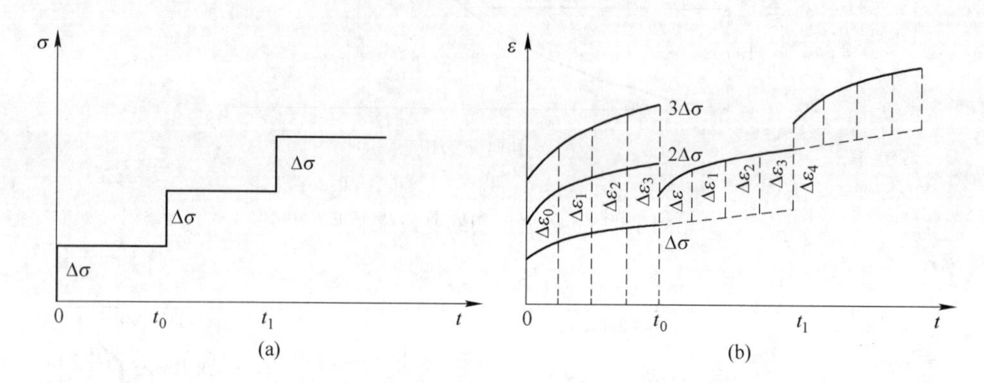

图 5-20　蠕变试验处理方法
（a）陈氏加载图；（b）变形图

按照上述方法对试验数据进行整理，处理后曲线如图 5-21 所示。

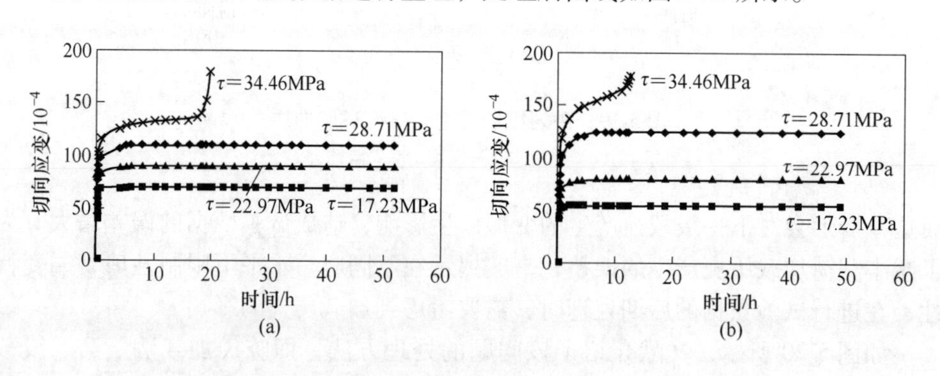

图 5-21　处理后的剪切蠕变曲线
（a）SC-1 试件；（b）SC-2 试件

5.6.2　限制性剪切蠕变特性分析

5.6.2.1　剪应力水平对蠕变的影响

表 5-5 给出了各级剪应力水平下限制性剪切蠕变达到稳定状态的时间和应变量。由图 5-21 和表 5-5 分析可知，岩石在加载时产生显著的瞬时变形，瞬时应变

随着应力级水平的提高而增大，应变增加幅度与应力增加幅度呈近似正比关系；随着剪应力水平的提高，砂岩剪切蠕变达到稳定阶段所需要的时间也增长。

表 5-5　蠕变稳定时间和应变量

剪应力/MPa	SC-1		SC-2		应变量百分差/%
	稳定时间/h	应变量/10^{-4}	稳定时间/h	应变量/10^{-4}	
17.23	5	69.6	3.5	53.80	25
22.97	6.5	89.49	5	79.10	12
28.71	10	110.15	7.5	124.27	12
34.46	13	136.72	9	164.00	18

注：剪应力为 34.46MPa 的应变量为加速阶段前的应变值。

由图 5-22 的拟合曲线可知，拟合相关指标 R^2 均在 0.97 之上，两个试件的剪应力与蠕变稳定时间均呈近似指数关系，说明岩石在限制性剪切蠕变力学环境中随着上覆岩层自重的增加，剪切力的作用会以近似指数形式提高，加速了蠕变变形和失稳破坏。

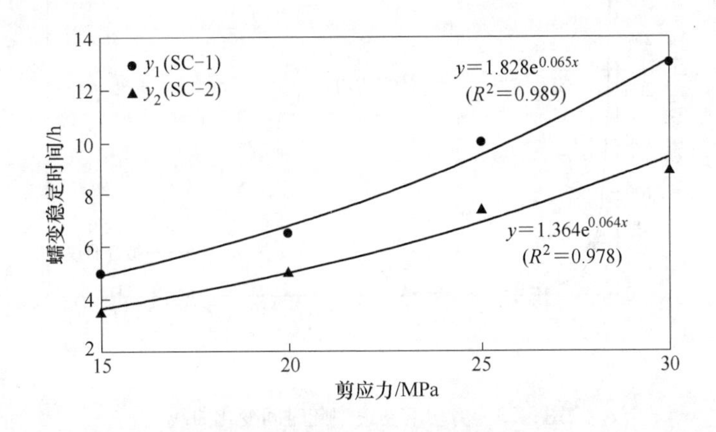

图 5-22　剪应力与蠕变稳定时间的关系

5.6.2.2　最大允许蠕变应变量

最大允许蠕变应变量作为岩石限制性剪切蠕变特性的重要参考点，其与岩石的蠕变失稳破坏机理密切相关。由图 5-21 和表 5-5 分析可知，SC-1 和 SC-2 试件在每个剪应力水平的蠕变应变量相差明显，百分差介于 12% ~25%，而 SC-1 试件蠕变最大应变量为 0.0181，SC-2 试件蠕变最大应变量为 0.0178，相差仅 1.7%。由此说明：在限制性剪切蠕变力学环境中岩石的最大允许切向应变量是与岩性有关的特性值，与岩石的蠕变失稳破坏机理密切相关。

5.6.2.3　蠕变速率

蠕变速率对边坡工程长期稳定性有重要影响。依据速率的定义，按照公式（5-1）求得不同应力状态下砂岩限制性剪切蠕变速率。

$$\dot{\gamma}_i = \frac{\Delta\gamma_i}{\Delta t_i} = \frac{\gamma_{i+1} - \gamma_i}{t_{i+1} - t_i} \tag{5-1}$$

式中　$\dot{\gamma}_i$——$\frac{t_{i+1}+t_i}{2}$时刻的剪切蠕变速率。

图5-23给出了典型的限制性剪切蠕变速率与时间的关系曲线（SC-1试件，剪应力34.46MPa，去除加速阶段）。由图5-23可知，在蠕变起始阶段剪切蠕变速率大，在随后的短时间内迅速衰减，直到稳定蠕变。

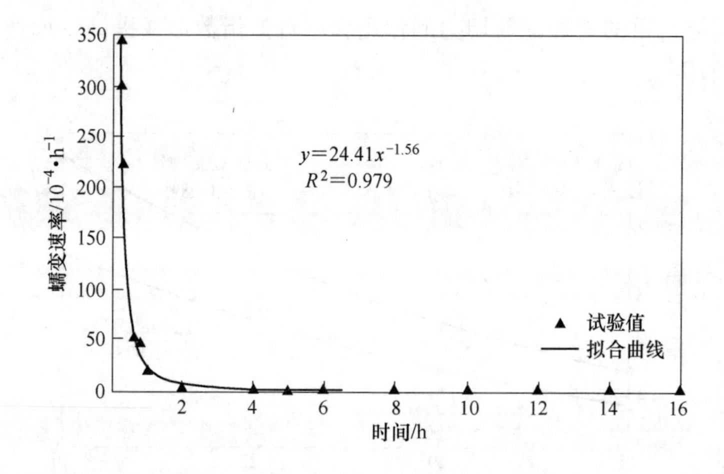

图5-23　剪切蠕变速率随时间变化曲线

图5-24给出了各个剪应力水平下，分时段的限制性剪切蠕变速率曲线。对比两个时间段内的蠕变速率变化可知：蠕变速率随剪应力水平的增大而增大，在第一、二、三级剪应力水平作用下，蠕变速率均衰减至近似零，在第四级剪应力水平作用下，蠕变速率先减小、后稳定、再增大，表现为前三级剪应力水平的限制性剪切蠕变只有衰减阶段，第四级应力水平下包含衰减阶段、稳定阶段和加速阶段。采用幂函数公式（5-2），对曲线进行拟合，不同剪切力作用下限制性剪切蠕变速率随时间变化曲线拟合结果见表5-6。由表5-6可知，拟合相关指标R^2值均在0.967之上，表明幂函数能够较好地满足限制性剪切蠕变速率随时间变化的拟合要求。

$$\dot{\gamma}_i = at^{-b} \tag{5-2}$$

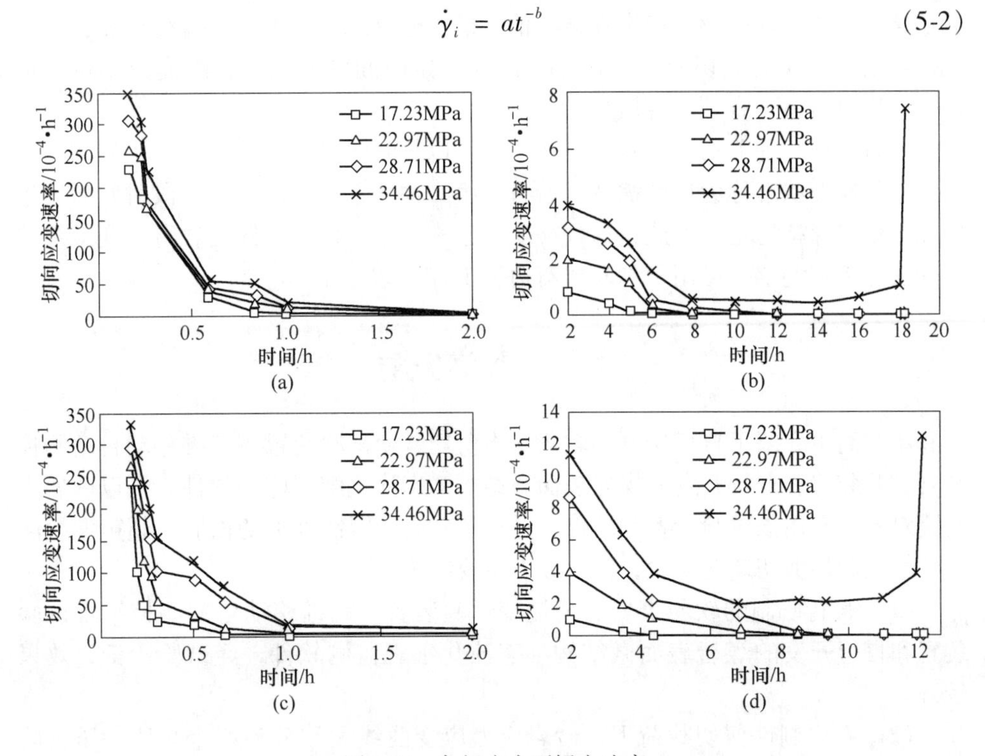

图 5-24 各级应力下蠕变速率

(a) SC-1 试件加载 2h 内;(b) SC-1 试件加载 2h 后;

(c) SC-2 试件加载 2h 内;(d) SC-2 试件加载 2h 后

表 5-6 剪切蠕变速率随时间变化曲线拟合结果

试 件	剪应力/MPa	a	b	R^2
SC-1	17.23	4.781	-2.33	0.969
	22.97	12.49	-1.88	0.967
	28.71	16.1	-1.84	0.97
	34.46	24.41	-1.56	0.979
SC-2	17.23	2.821	-2.12	0.971
	22.97	9.881	-1.67	0.973
	28.71	19.81	-1.6	0.971
	34.46	33.19	-1.31	0.982

5.6.2.4 限制性剪切蠕变状态

由图 5-21 和图 5-24 可知,岩石在不同剪应力作用下的限制性剪切蠕变的最终状态存在两种结果:一是试件在受到的剪应力不超过某一值时,在较短时间的剪切蠕变之后，其变形量稳定在某一值，蠕变速率降至接近零，蠕变停止；二是试件在某一较大的剪切应力作用下，经受一定时间的加载后，蠕变速率迅速增加，变形量增大，直到试件破坏。

岩石在第一种剪切蠕变状况下，往往可以长时间保持稳定，不发生破坏，因此将这种蠕变状态称为良性蠕变；岩石在第二种状态下，往往在一段时间后发生破坏，难以保持稳定，因此将这种蠕变状态称为恶性蠕变。依据岩石蠕变最终状态和实际工程要求，可用于判断岩石边坡工程的稳定性。

5.7 本章小结

本章简单介绍了自行研制的软弱煤岩剪切蠕变试验装置、三维移动自动测控细观试验装置和自行开发的煤岩表面微结构动态演化细观监测软件，并以砂岩为研究对象，利用该试验设备和软件，进行了砂岩的限制性剪切试验、超声波检测试验、限制性剪切蠕变试验，得出以下主要结论：

（1）自行研制的软弱煤岩剪切蠕变试验装置、三维移动自动测控细观试验装置和自行开发的煤岩表面微结构动态演化细观监测软件，经试验验证，效果较好。

（2）在限制性剪切载荷下，砂岩应力应变曲线大致分为四个阶段：压密阶段、线弹性阶段、屈服阶段、脆性破坏阶段；剪切应力—超声波波速曲线明显分为破坏前段和破坏后段。

（3）在限制性剪切蠕变载荷下，砂岩试样产生显著的瞬时变形，瞬时应变随着应力级水平的提高而增大，应变增加幅度与应力增加幅度近乎呈正比关系。剪应力水平越高，岩石变形稳定所需时间越长，且剪应力与蠕变稳定时间均呈近似指数关系。不同砂岩试件蠕变失稳破坏时产生的最大剪切蠕变应变量相差很小，说明最大允许剪切蠕变应变量是与岩性有关的特性值，这与岩石的蠕变失稳破坏机理密切相关。

（4）蠕变速率随剪应力水平的增大而增大，在低应力水平作用下蠕变速率衰减至近似零，在高应力水平作用下，蠕变速率先减小、后稳定、再增大，且幂函数能够较好地拟合限制性剪切蠕变速率随时间的变化曲线。

（5）依据岩石在不同剪应力作用下的限制性剪切蠕变的最终状态，提出了砂岩剪切蠕变的两种类型：1）良性蠕变，试件最终达到平衡状态，蠕变速率降至接近零，蠕变停止，可以保持稳定；2）恶性蠕变，试件加载速率先减小后迅速增加，变形量增大，最终达到失稳破坏。

6 边坡关键单元岩体裂纹扩展规律和分形特征

岩质边坡的岩层由各种岩石组成，岩石是一类内部随机分布有许多孔隙和裂隙等缺陷的材料，导致其破坏过程中裂隙扩展规律的复杂性和高度非线性。而边坡的破坏与内部岩体的裂纹扩展规律密不可分，另外，边坡及其内部岩体的破坏特征极其复杂，难以用传统几何学对其进行准确描述。因此，岩石在边坡力学环境中裂隙扩展规律、分形特征和破坏后破断面的分形特征对边坡失稳滑移的研究十分有必要。本章以边坡关键单元砂岩为研究对象，开展剪切蠕变载荷下砂岩裂纹扩展的细观演化试验，运用分形理论，对裂纹扩展和破断面的分形特征进行分析。

6.1 细观破裂试验概况

由前述章节可知，边坡体内岩体的力学环境为限制性剪切蠕变，因此，本章开展的细观破裂试验是在限制性剪切蠕变载荷的作用下进行的。试验采用的设备是第 5 章介绍的剪切蠕变试验装置和细观显微试验装置，并利用宏、细观数据采集软件采集裂纹和变形数据，如图 6-1 所示。

该试验依旧选取具有代表性的红砂岩为研究对象，加工规格与第 5 章相同，均为 50mm 的标准方形试样，其显微结构如图 6-2 所示。

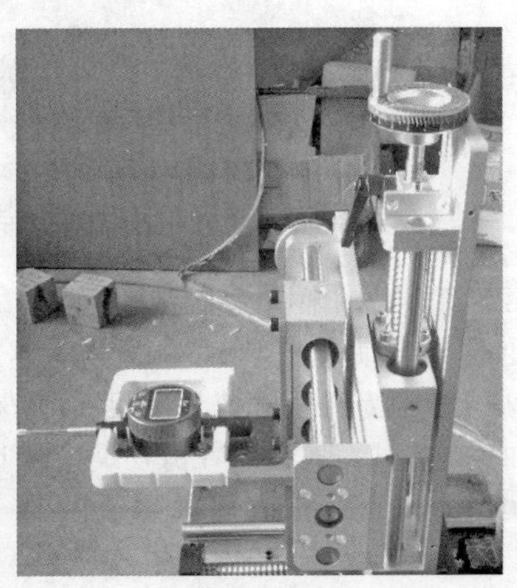

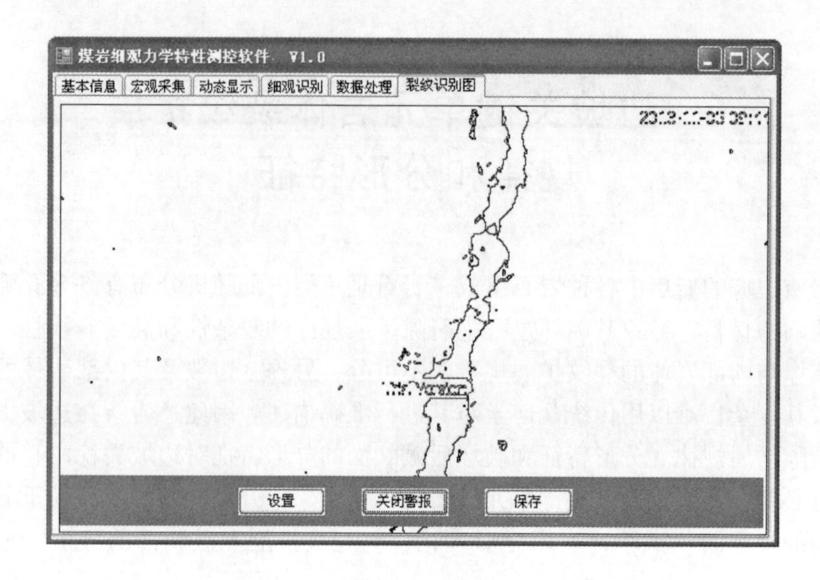

图 6-1　剪切蠕变试验、细观试验装置与细观测控软件界面

图 6-2　砂岩试样显微结构

由第 5 章进行的限制性剪切力学特性试验获得的试验数据为依据，确定了剪切蠕变载荷下细观破裂试验的载荷水平，分别为 25. 27MPa、34. 46MPa、40. 19MPa，分别为红砂岩剪切强度的 55%、75%、87%，如图 6-3 所示。采用单体加载的方式，对砂岩在剪切蠕变试验中微裂隙的产生、扩展、成核和贯通进行实时观测，分析砂岩微裂纹的时空演化规律和分形维数的动态变化特征。

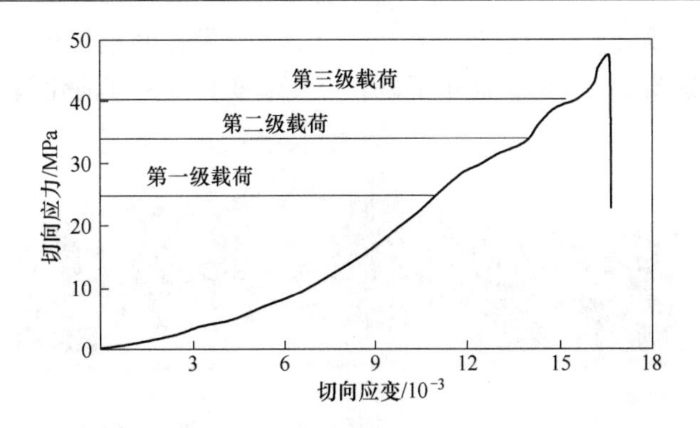

图 6-3 砂岩剪切蠕变载荷水平

6.2 细观裂纹扩展规律

6.2.1 蠕变曲线

图 6-4（a）为砂岩剪切蠕变试验的蠕变曲线，并按照前述相关章节所采用的数据处理方法对其进行整理，处理后曲线如图 6-4（b）所示。

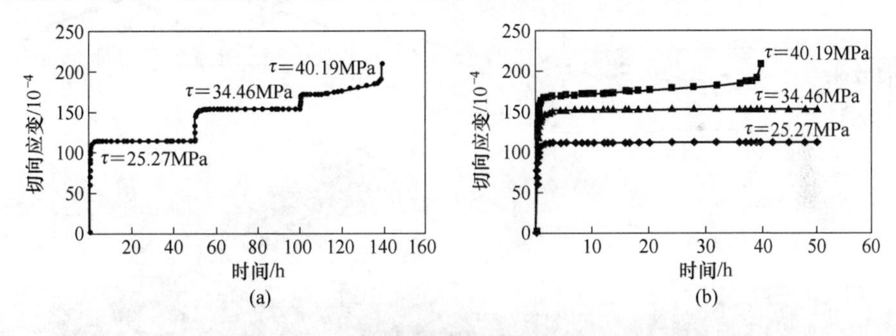

图 6-4 砂岩剪切蠕变试验曲线
（a）蠕变试验曲线；（b）处理后蠕变试验曲线

由图 6-4 分析可知，在第一级载荷和第二级载荷下，砂岩产生明显的瞬时变形，随后在较短的时间段内，经历了衰减蠕变阶段，并产生了一定的蠕变变形，之后便稳定在某值，发展甚微；在第三级载荷下，砂岩先是产生了明显的瞬时变形，经过较短时间的衰减蠕变阶段，随后经历了一段相当长时间的稳定蠕变后，便进入加速蠕变阶段，变形迅速增加，很快试件发生剪切破坏。

6.2.2 裂纹扩展时空演化特征

运用宏、细观数据采集软件和细观观测设备，获得了砂岩在不同应力水平的限制性剪切蠕变载荷下的裂纹扩展细观图片，并按照图片上标记对其进行接合处理，处理结果如图6-5所示，展示了砂岩剪切蠕变裂纹扩展演化情况。

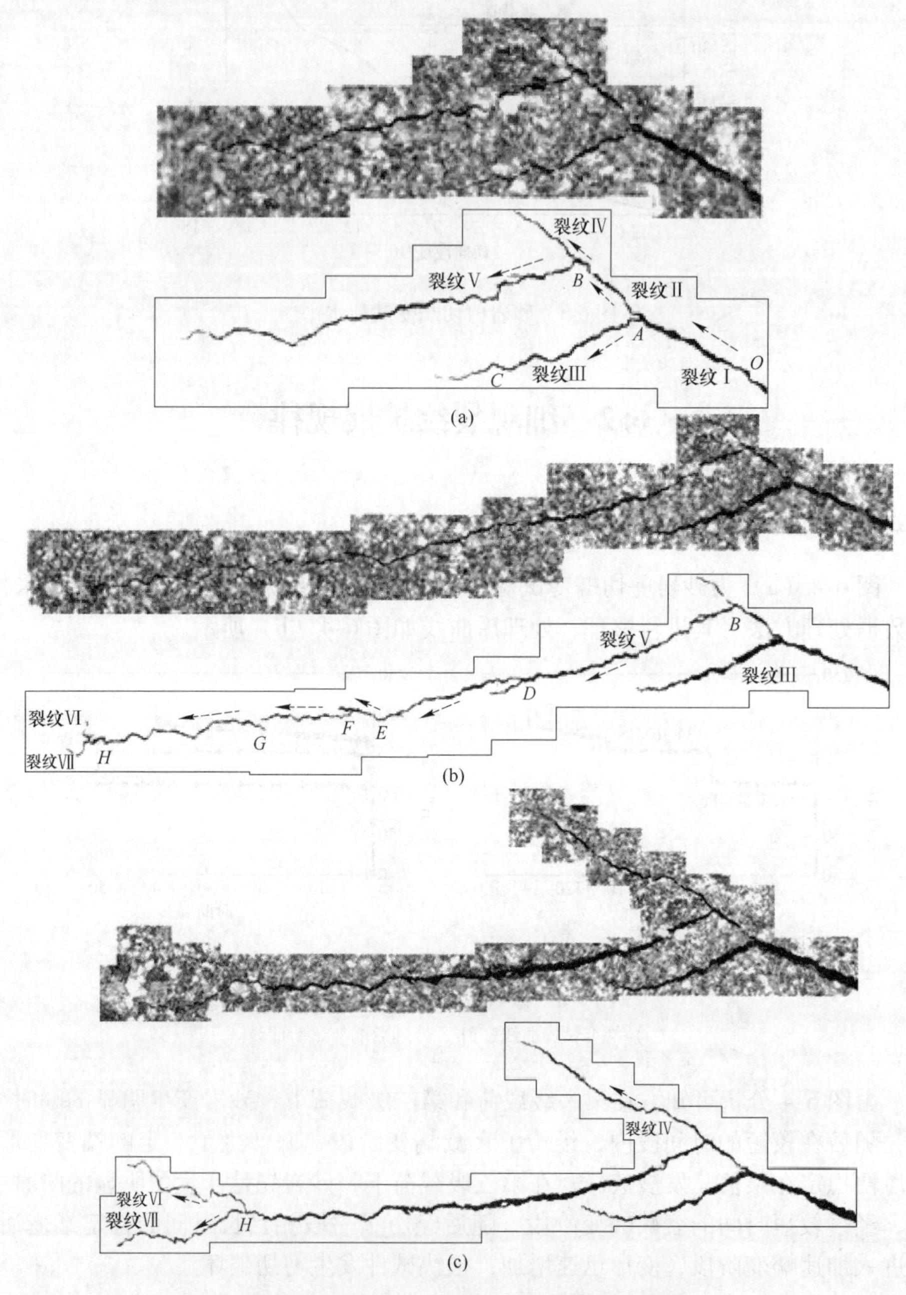

图6-5　不同剪切应力水平蠕变状态下裂纹扩展显微图

(a) 第一级剪切蠕变：$\tau = 25.27$MPa；(b) 第二级剪切蠕变：$\tau = 34.46$MPa；

(c) 第三级剪切蠕变：$\tau = 40.19$MPa

(1) 第一级载荷水平。由图 6-5 (a) 可见，试件在经过第一级剪切蠕变 1.2h 的作用之后，表面出现裂纹。*O* 点为试件与剪切装置接触点，应力集中，裂隙从此处启裂，萌生出一条主裂纹Ⅰ，裂纹方向与剪切应力方向的夹角为19°。随着载荷作用时间的增加，裂纹由 *O* 点沿裂纹Ⅰ开始扩展，在扩展了约 6.8mm 至 *A* 点后，出现分岔，萌生出两条裂纹Ⅱ和Ⅲ。裂纹Ⅱ扩展方向与裂纹Ⅰ的夹角为19°，与剪切应力方向几乎平行；而裂纹Ⅲ扩展方向与裂纹Ⅰ的夹角为54°，与裂纹Ⅱ夹角为73°。新萌生的两条裂纹宽度都小于初始裂纹Ⅰ，裂纹Ⅱ稍宽于裂纹Ⅲ。随后，裂纹Ⅱ扩展了约 3.2mm 至 *B* 点后，再次分岔，萌生裂纹Ⅳ和Ⅴ。裂纹Ⅲ扩展了约 3.6mm 至 *C* 点后，出现偏转，偏转角度为46°，随之扩展了 1mm 后又偏转向原始裂纹Ⅲ的方向。裂纹Ⅳ扩展方向与裂纹Ⅱ近似平行，即与剪切应力方向平行，然而裂纹宽度很小，扩展了约 2.9mm 后便不再发展；而裂纹Ⅴ扩展方向与裂纹Ⅱ的夹角为60°，与裂纹Ⅲ近似平行。裂纹Ⅲ由偏转点 *C* 向前扩展延伸，且缝宽逐渐减小，扩展了约 3.7mm 后便不再发展。裂纹Ⅳ向试件端部扩展延伸，缝宽逐渐减小，一段时间后便不再扩展。裂纹扩展阶段位于第二级蠕变初期，裂纹扩展的同时宏观的蠕变变形也逐渐增加，随着裂纹扩展速度的变缓，变形量也趋于稳定，达到应力分布的平衡后，裂纹和变形也达到稳定值。

(2) 第二级载荷水平。当剪切应力升至 34.46MPa，试件开始第二级蠕变时，裂纹扩展情况如图 6-5 (b) 所示。在第二级载荷下，裂纹Ⅲ宽度明显增加，裂纹长度变化不明显，扩展方向偏向裂纹Ⅴ，趋向于与裂纹Ⅴ汇集。裂纹Ⅴ扩展速度迅速，随着第二级载荷作用时间的增加扩展长度明显增加。当裂纹Ⅴ扩展了约 12.8mm 至 *D* 点后，出现第三次分岔，次生裂纹与主裂纹的夹角约为21°；再扩展约 7.8mm 至 *E* 点后，扩展方向发生较大转折，转折角度约为31°；随后扩展至 *F* 点，出现第四次分岔，次生裂纹与主裂纹的夹角为17°；当裂纹Ⅴ由 *F* 点扩展约 4mm 至 *G* 点时，出现第五次分岔，分岔角度为44°；裂纹Ⅴ由 *G* 点向试件端部扩展，缝宽逐渐变小，扩展至 *H* 点，隐约可见两条次生裂纹Ⅵ和Ⅶ。

(3) 第三级载荷水平。由图 6-5 (c) 可见，当载荷升至 40.19MPa，剪切蠕变进入第三阶段。裂纹Ⅰ和裂纹Ⅴ张开度明显增加，裂纹Ⅴ由 *H* 点继续向前扩展，两条次生裂纹Ⅵ和Ⅶ从不同方向扩展至试件端部，与裂纹Ⅰ、裂纹Ⅱ、裂纹Ⅴ构成贯通试件的裂纹通道，这些裂隙通道可作为水和气体侵入岩体的运移通道。此阶段裂纹Ⅵ扩展速度增加，沿着初始的扩展方向，即与剪应力方向的夹角为19°，继续向试件内部曲折扩展了约 12.3mm，可能由于与剪切应力的夹角较小，裂纹宽度没有明显性增加。此阶段，试件的宏观变形稳定持续增加，经过 35h 的作用后，试件蠕变速率迅速增加，直至试件破坏。

6.2.3 裂纹扩展局部特征

岩石的非均质特性使其扩展方向和速度也表现出明显的非线性特征，且受到局部裂隙变化的影响，如图 6-6 所示。图 6-6 给出了局部裂纹扩展形态的四种模式：平行裂隙扩展、新生微裂纹、微裂隙扩展、裂纹扩展路径。

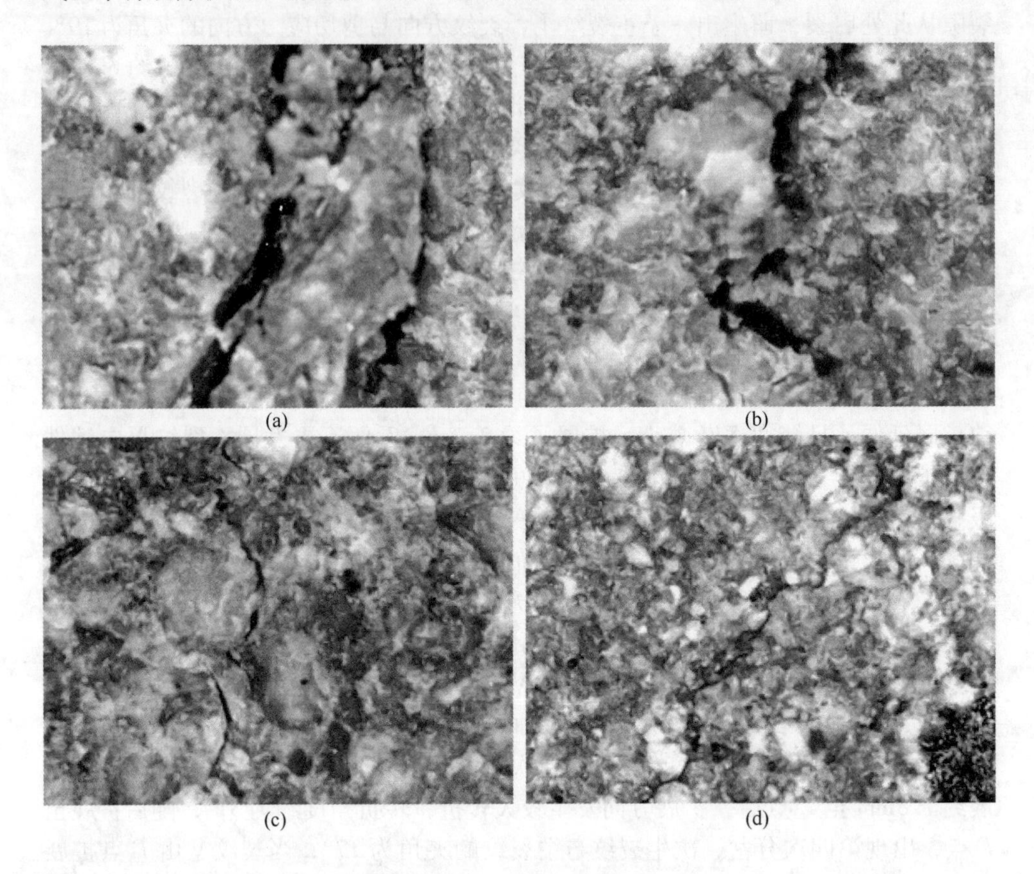

图 6-6 局部裂隙图

（a）平行裂隙扩展；（b）新生微裂纹；（c）微裂隙扩展；（d）裂纹扩展路径

如图 6-6（a）所示，两条近似平行微裂隙同步扩展，在外界载荷发生变化时，这两组裂隙中间的岩块在压力作用下发生破碎，在拉力作用下发生断裂，最终脱落，致使两条平行微裂隙合并为一条较宽裂隙。微裂隙的合并或造成局部应力集中，或造成局部应力的转移和释放，激起岩体变形响应，使局部应力重新分布，达到再平衡。这样一个局部失衡—变形响应—再平衡的循环过程，在一定程度上解释了裂隙扩宽机制，也影响着裂隙的扩展方向、速度和裂隙规模。

如图 6-6（b）所示，微裂隙的萌生形态为锯齿状，反映出微裂隙萌生的受力环境主要为拉应力和剪应力的混合作用场。由于岩石材料力学性质的不均匀性，岩体强度低的单元首先发生拉破坏，局部断裂，激起受力再平衡响应，即拉应力的释放和剪切应力的集中，继而剪切强度的下降和剪切应力集中均促使岩体局部剪切破坏，扩大了裂隙范围。

如图6-6（c）所示，由于岩石材料的非均质特性，在外部载荷的作用下，岩体组成矿物、粘结颗粒和粘结材料在同一应力场中发生有差异的变形响应，强硬颗粒与粘结物之间变形的不协调导致应力集中，超过岩体单元的承受强度时发生破坏，在不同材料的边界形成微裂隙。

如图6-6（d）所示，微裂隙的扩展路径表现出高度的非线性特征，基本上是绕着岩石中结晶颗粒物分布构成的空隙扩展，因而，结晶颗粒物分布的不均匀特征就成为裂隙扩展路径的不规则性原因之一，同时影响着裂隙的发展方向和扩展速度。

6.3　裂纹演化分形特征

6.3.1　分形理论概念

自然界中存在许多不规则事物，其形态从表面上看呈现出杂乱无章，用欧式几何难以对其描述，但这些不规则的现象符合一个特点，即自相似性，那么这类事物或现象被称为分形事物，如 Cantor 集、Koch 曲线（如图 6-7 所示）等描述这类事物或现象形态的科学就是分形几何学。分形体的形态不满足欧式几何对形态描述的要求，即维数是整数，所以分形几何的重要特点就是维数并非整数，而是分数，即分维。

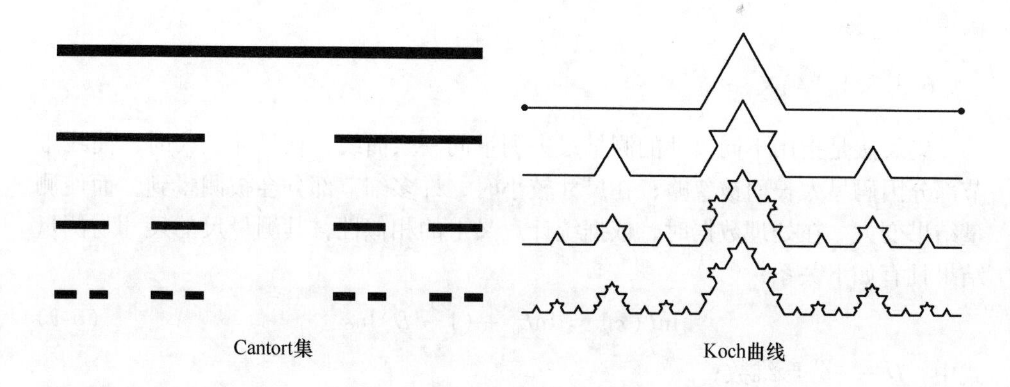

图 6-7　经典分形图

1919 年，Hausdorff 最早提出分数维数的概念，一般把这类维数称为 Hausdorff 维数。随后，许多数学家在分形方面做了研究，但是没能提取出合理的理论，直到 1982 年，Mandelbrot 在前人研究的基础上将这一类分形事物的形态归纳分析，推广为分形几何学。分形几何学与经典几何学最重要的不同点，也是分形几何的重要理论思想，即分数型的维数。Mandelbrot 对分形提出了两个定义，一是 Hausdorff 维数严格大于其拓扑维数的集合体，二是一类在整体与局部之间具有一定相似性的形态。

6.3.2 分形的重要特征

（1）自相似性。分形最重要的特征就是自相似，也是分形理论的基本原则。自相似是指从多个尺度看上去事物都具有同一个形态，只是大小不同而已，尺度可以是时间尺度、也可以是空间尺度，表现为局部与整体的相似。自然界中有许多分形，然而这些自然事物由于其复杂性，难以完全符合上述要求，并不是严格意义上的分形，而通常指的是统计上的分形。

（2）分形维数。在经典几何中，物体的维数为整数，其形态都是规则的，然而理论与实际上的差距造成了现实中不存在这样的规则物体，只存在无限接近规则的事物。但是前沿科研对事物描述的精确度要求越来越高，使得欧式几何的整数维数难以满足其要求，而分形理论为其提供了一种解决方式，即分数维数。分数维数使空间不再是跃变，而是连续的。欧式几何和分形几何共同构成了整维空间和分维空间。

6.3.3 分形维数的测量方法

随着分形理论的发展，分形维数的测量方法也越来越多，且不同的分维有不同的测量方法，目前使用比较广泛的方法有码尺法、小岛法、盒计数法和立方体覆盖法。

6.3.3.1 码尺法

码尺法是指用不同尺寸的测量尺去测量同一条曲线，在尺寸较大时，曲线细节部分因码尺太长而被忽略；在尺寸较小时，许多细节部分会被测量到，而使测量结果变大。在处理数据时，依据统计意义上的相似性，其测量尺的尺寸与测量结果具有如下关系：

$$\ln L(\varepsilon) = \ln L_0 + (1 - D)\ln\varepsilon \tag{6-1}$$

式中 D——分形维数；

L——测量长度；

ε——测量尺尺寸。

则依据式（6-1）可以计算出其分形维数。

6.3.3.2 小岛法

小岛法的基础与码尺法很相似，运用不同尺寸的测量尺对独立小岛进行周长和面积的测量，再利用周长和面积之间的联系，得到其分维数。计算公式如下：

$$\ln P(\varepsilon) = D\ln a + D(1 - D)\ln\varepsilon + \frac{D}{2}\ln A(\varepsilon) \tag{6-2}$$

式中 D——分形维数；

P——周长；

a——常数；

A——面积。

则依据式（6-2）可以计算出其分形维数。

6.3.3.3 盒计数法

盒计数法是指用不同尺寸的方格子去覆盖要测量的物体，得到相应尺寸下完全覆盖物体所需要的格子数目，则其格子的尺寸和记录的格子数量有如下关系：

$$\ln N(\varepsilon) = \ln a - D\ln\varepsilon \tag{6-3}$$

式中 N——格子数量；

a——常数；

D——分形维数；

ε——格子尺寸。

则依据式（6-3）可以计算出其分形维数。

6.3.3.4 立方体覆盖法

立方体覆盖法是用不同边长的立方体去覆盖所要测量的物体表面，得到相应尺寸下完全覆盖物体表面所需要的立方体个数，则立方体个数和立方体尺寸有如下关系：

$$N(\varepsilon) \propto \varepsilon^{-D} \tag{6-4}$$

式中 N——立方体个数；

ε——格子尺寸；

D——分形维数。

则依据式（6-4）可以计算出其分形维数。

6.3.4 裂隙扩展的分形特征

岩石类材料内部存在有在不同时间、不同空间形成的不同尺度的孔隙、裂纹等缺陷，这些缺陷使岩石在宏观尺度上表现出物理力学特性的非线性、非均匀的特点，因此，岩石同时体现连续介质和离散介质的性质特征。众多研究表明，岩石是一类分形物体，它比二维面空间域大，比三维面空间域小，岩石剖面分形维数介于1和2之间，岩石粗糙面分形维数介于2和3之间，其变形、破坏、能量耗散等物理力学特性均表现出分形特性。现有力学理论和定律的前提是以维数为整数的欧式空间为假设而建立的，无法对岩石的本质问题进行完整的解析和描述，只能作出近似描述，难以解决其本质问题。因此，研究岩石物理力学特性的分形特征对岩石力学问题的分析求解和岩石力学的发展具有重要意义。

本节以盒维数法为理论基础，运用 Photoshop 软件对裂隙图进行处理，利用 Matlab 软件和语言编制裂隙分形盒维数法计算程序，对 6.2 节裂隙进行分形维数的计算，计算结果见表 6-1 和图 6-8。

表 6-1 各级剪切蠕变应力水平下裂隙分形结果

蠕变阶段	应力/MPa	分形维数	R^2
第一级	25.27	1.2193	0.9975
第二级	34.46	1.2572	0.9963
第三级	40.19	1.3309	0.9969
平　均	33.31	1.2691	—

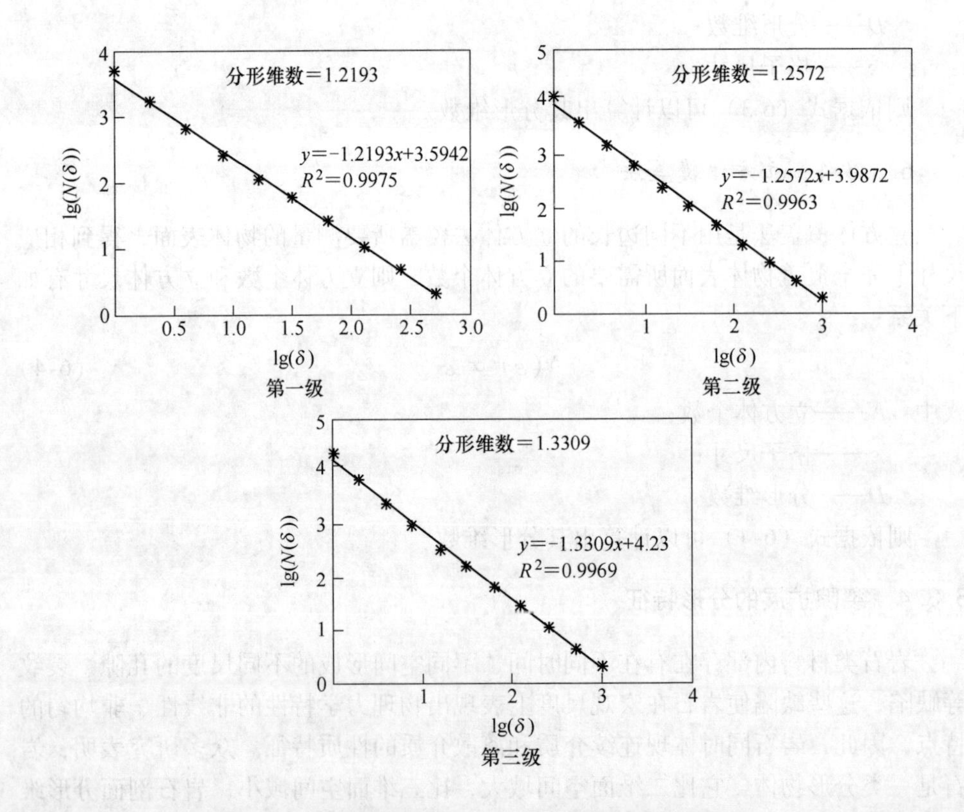

图 6-8 各级剪切蠕变应力水平下裂隙分形计算结果

由计算结果可知，各级剪切蠕变应力作用下砂岩裂隙的分维数平均值为1.2691，裂隙的盒维数双对数线性拟合相关系数均在0.99以上，不同盒子尺度的对数与覆盖所需盒子数的对数呈现出良好的线性特性，说明砂岩剪切蠕变裂隙具有明显的分形特性。

图6-9给出了裂隙的分形维数与剪切蠕变应力的关系曲线。由图6-9可知，随着剪切蠕变应力的增加，裂隙分维数也逐渐增加，且分维数增加的速率有明显增大的趋势。分析可知，剪切应力增大时，新生微裂隙得到孕育和发展，增加了裂纹的复杂程度，分维数增加；随着应力的增加，裂隙的发展速度也相应地增加，尤其在接近屈服应力时，裂隙扩展迅速，分岔增多，次生裂隙增加，致使裂隙分维数大幅增加。

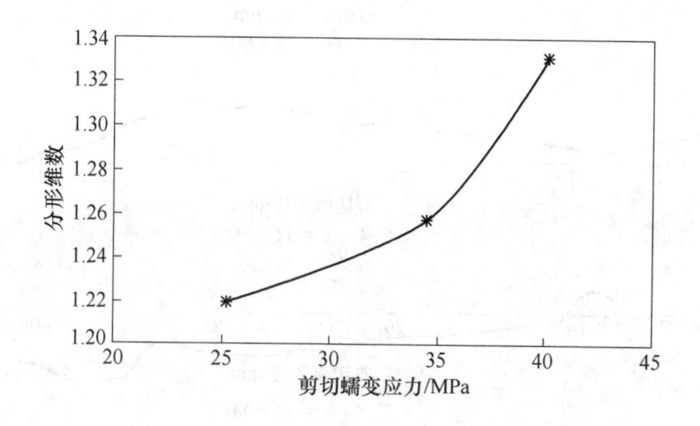

图6-9　分形维数与剪切蠕变应力的关系

6.4　剪切蠕变破断面形貌分形特征

6.4.1　破裂表面形态分析

在限制性剪切蠕变载荷作用下，砂岩破裂面形态与其剪切强度有重要联系。图6-10给出了不同试件破坏后试件表面形态图。由图6-10可知，表面形态呈现出杂乱无章的凹凸面，凹凸程度各异，凹凸分布也相差悬殊。

由图6-10可知，C-6试件则分布在理想剪切面两侧；C-1试件破裂面均在理想剪切面的下部，分布不平衡；C-2试件破裂面较为平滑，C-8试件破裂面则起伏不定，波动较大；C-7试件破裂面则为凹形，C-4试件破裂面为凹凸形，转折更复杂；C-3试件破裂面偏离理想剪切面的距离较小，C-5试件破裂面则偏离很大。这些破裂面的分布差异也改变了试件的剪切破坏强度。由强度数据可知，在剪切强度方面前者试件均小于后者，说明试件破坏后形成的表面形态的起伏度、

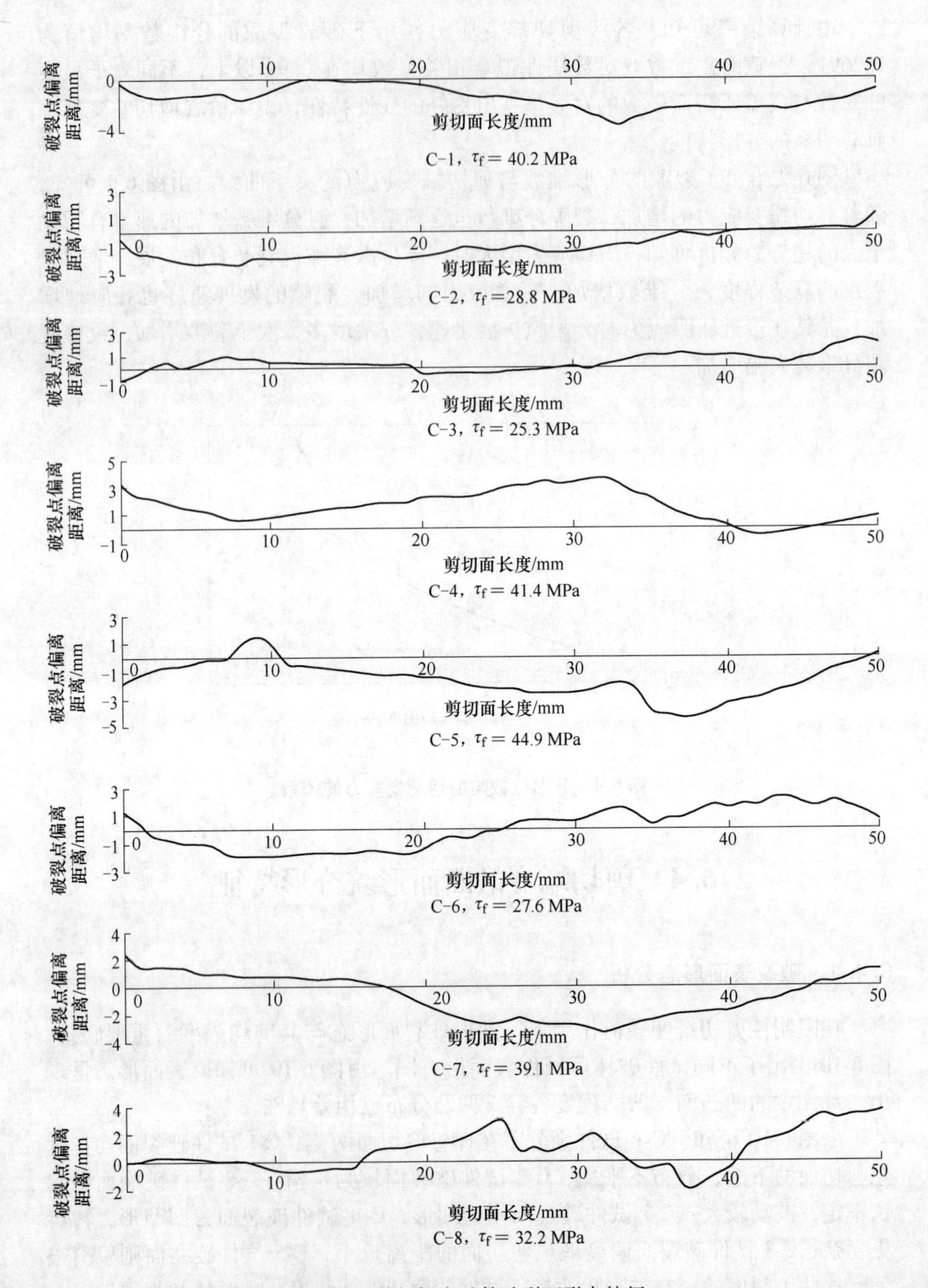

图6-10　剪切蠕变试件破裂面形态特征

平衡分布和偏离距离与试件剪切破坏强度密切相关。

根据上述分析，本文以剪切破裂面破裂点偏离剪切力作用面的标准差（以下简称“偏离标准差”）为破裂面粗糙程度的衡量标准，对试件的破裂面形态特征与破坏时剪切强度之间的规律进行分析，如图 6-11 所示。

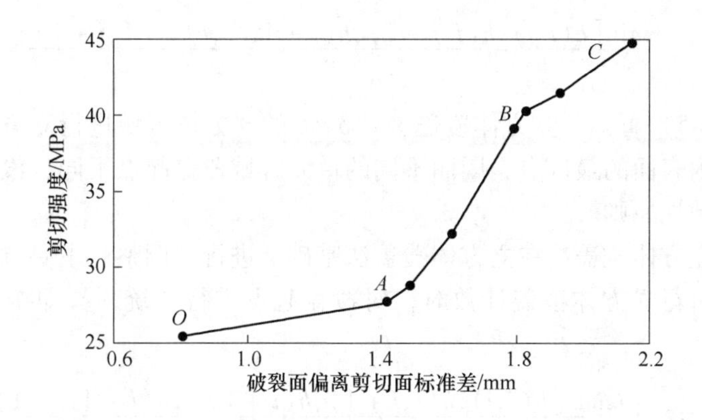

图 6-11 剪切破裂面偏离标准差与剪切强度曲线

由图 6-11 可知，剪切蠕变破裂面偏离标准差与剪切强度关系曲线为一条非线性递增曲线，曲率呈现先增大后减小的趋势，以此为依据可将剪切蠕变破裂面粗糙程度与剪切蠕变强度的变化规律分为三个阶段：初始阶段（*OA* 段）、增强阶段（*AB* 段）、稳定阶段（*BC* 段）。

初始阶段（*OA* 段）：此阶段，曲线平缓，随着破裂面偏离标准差的增大，剪切强度增加缓慢。偏离标准差较小时，破裂面粗糙程度较小，单位偏离标准差对剪切变形的阻碍作用较小，即对剪切破坏强度的影响较小。

增强阶段（*AB* 段）：随着破裂面偏离标准差的增大，剪切强度呈指数型增加。偏离标准差较大时，破裂面粗糙度较大，由于剪切强度较小，单位偏离标准差对剪切变形的阻碍作用增强，致使剪切强度迅速增加。

稳定阶段（*BC* 段）：在破裂面偏离标准差增大到一定值时，随着标准差的增加，剪切强度增加较小，趋向于稳定。在此阶段，由于剪切强度很大，偏离标准差增大时，单位偏离标准差对剪切变形的阻碍作用减弱，对剪切强度的影响较小。

6.4.2 二次改进的立方体覆盖粗糙表面分维计算方法

立方体覆盖法的基本思想是用尺寸为 δ 的立方体覆盖所要测量的粗糙表面，在第（i, j）单元区域内（在垂直投影为 $\delta\times\delta$ 的立体区域内），计算所需覆盖立方体个数按照式（6-5）进行计算，得到每个单元区域所需的立方体数量，求和得到整个粗糙表面所需立方体数目。随后改变尺寸 δ 的大小，重新计算所需立方体个数，最终得到一组不同尺寸立方体覆盖粗糙面所需的立方体个数，即 $\delta^D \sim N(\delta)$，则其双对数曲线的斜率即为该粗糙表面的分形维数。

$$N_{\delta\times\delta}(i,j) = INT\left\{\frac{\max[h(i,j),h(i,j+1),h(i+1,j),h(i+1,j+1)]}{\delta} - \frac{\min[h(i,j),h(i,j+1),h(i+1,j),h(i+1,j+1)]}{\delta} + 1\right\} \tag{6-5}$$

由式（6-5）可知，立方体覆盖法对 $\delta\times\delta$ 的立方体区域进行立方体覆盖的基点是该区域内表面的最低点，因而不同的单元区域覆盖起点不同，没有考虑到初始条件的一致性原则。

改进的立方体覆盖法在立方体覆盖法基础上进行了调整，主要调整内容是在对单元区域进行立方体覆盖计数时，对覆盖起点进行了统一，即按照式（6-6）进行计算。

$$N_{\delta\times\delta}(i,j) = INT\left\{\frac{\max[h(i,j),h(i,j+1),h(i+1,j),h(i+1,j+1)]}{\delta} + 1\right\} - INT\left\{\frac{\min(h(i,j),h(i,j+1),h(i+1,j),h(i+1,j+1)]}{\delta}\right\} \tag{6-6}$$

由式（6-6）可知，改进的立方体覆盖法在对单元区域进行立方体覆盖计数时，其取整函数为向下取整，在此基础上加 1，然而，如果最高点坐标正好是覆盖立方体的整数倍时，真实覆盖立方体个数是不用加 1 的，而改进的立方体覆盖法忽略了这一点。针对这一问题，提出了二次改进的立方体覆盖法。

二次改进的立方体覆盖法将取整步骤进行调整，考虑了最高点为整数时的立方体计数策略，则二次改进的立方体覆盖法的第（i，j）单元区域的计算如式（6-7）所示。

$$N_{\delta\times\delta}(i,j) = CEIL\left\{\frac{\max[h(i,j),h(i,j+1),h(i+1,j),h(i+1,j+1)]}{\delta}\right\} - INT\left\{\frac{\min[h(i,j),h(i,j+1),h(i+1,j),h(i+1,j+1)]}{\delta}\right\} \tag{6-7}$$

式中　$CEIL(\ )$——向上取整函数；

　　　$INT(\ )$——向下取整函数。

由式（6-7）可知，该式避免了最高点为整数时计数多加 1 的问题，但是在单元区域为平面时，即 max = min 时，式（6-7）会记为 0，但实际上应该需要 1 个立方体。因此，增加条件，当单元区域为平面时，记为 1，其他情况按照式（6-7），如式（6-8）所示。

$$
\begin{cases}
\max value = \max(h(i,j),h(i,j+1),h(i+1,j),h(i+1,j+1)) \\
\min value = \min(h(i,j),h(i,j+1),h(i+1,j),h(i+1,j+1)) \\
N_{\delta\times\delta}(i,j) = 1 & \max value = \min value \\
N_{\delta\times\delta}(i,j) = CEIL\left(\dfrac{\max value}{\delta}\right) - INT\left(\dfrac{\min value}{\delta}\right) & \max value \neq \min value
\end{cases}
\tag{6-8}
$$

下面以剖面的覆盖图为例，如图 6-12 所示，分别采用改进法和二次改进法对其进行覆盖计数，进行二次改进法和改进法的对比。图 6-12 中，黑色方格代表覆盖的立方体，共显示出 6 个单元区域，黑色线为所测粗糙面的剖面线。由图 6-12 可知，改进法用 19 个立方体覆盖，二次改进法用 13 个立方体进行覆盖，两者相差了 6 个立方体，可见差异明显。结合覆盖法的原理可知，二次改进的立方体覆盖法覆盖程序更为合理。

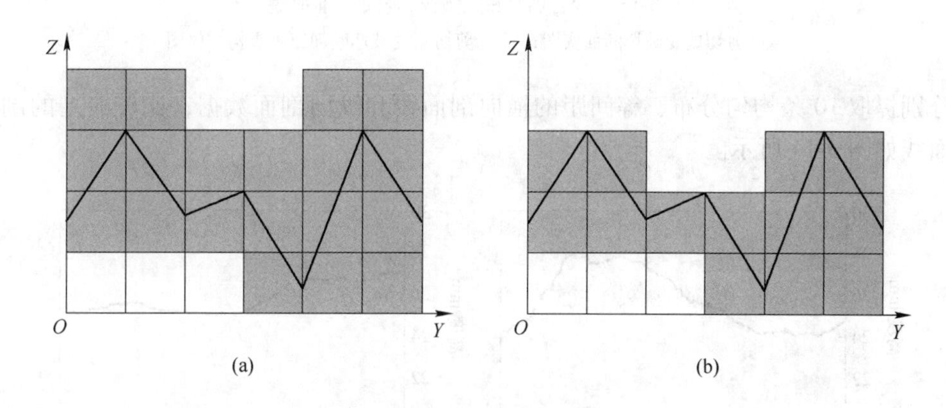

图 6-12 改进和二次改进覆盖法的区别
(a) 改进法；(b) 二次改进法

6.4.3 破断面三维形貌及其分形维数

利用自行开发的三维移动自动测控细观试验装置，结合位移测量装置，对砂岩在限制性剪切蠕变载荷下破坏的破断面进行测量，测量精度为 0.001mm，测量点间距为 0.25mm，测量范围为 45mm × 45mm，共测得 181 条测线，数据点数约为 181 × 181，利用 Matlab 软件对数据进行处理并进行破断面的三维重建，生成的粗糙破断表面形貌如图 6-13 所示。

6.4.3.1 剖面分形特征

为了从剖面分析砂岩在剪切蠕变载荷作用下破断面的形态，从三维破断面中

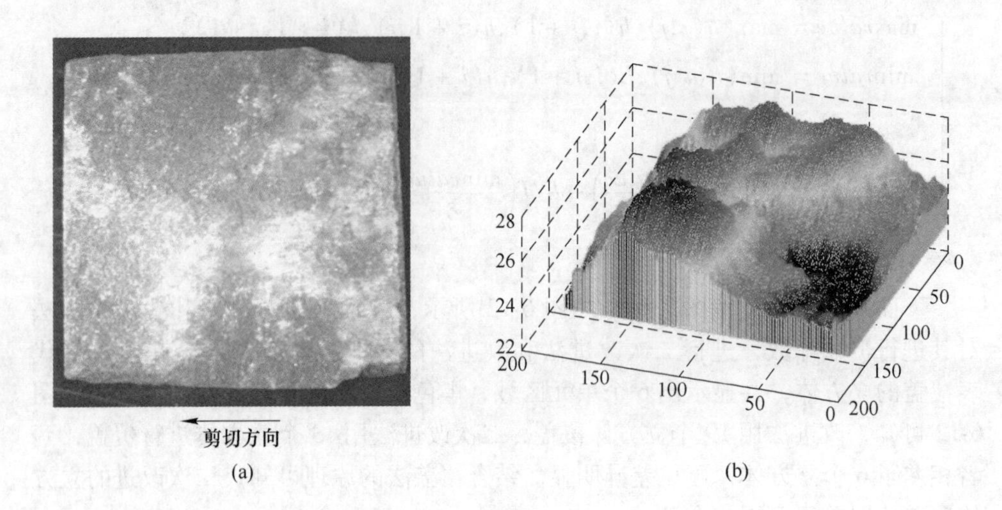

图 6-13 砂岩剪切蠕变破断表面三维形貌
（a）剪切蠕变破坏断面实图；（b）剪切蠕变破坏断面三维重构立体图

分别提取 10 条均匀分布、等间距的横向剖面线和纵向剖面数据，比较典型的剖面线如图 6-14 所示。

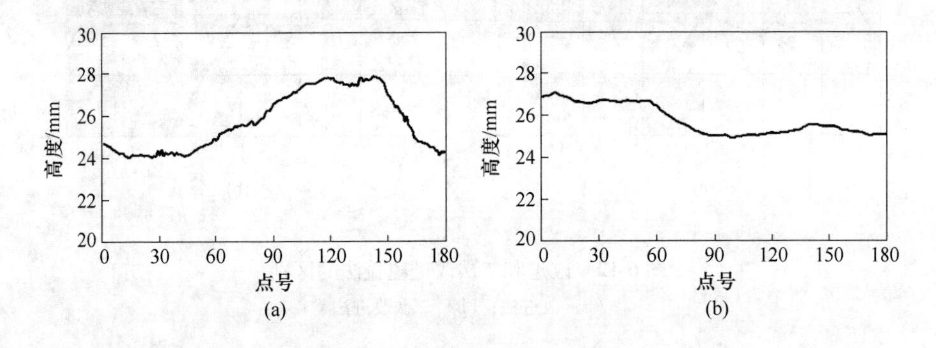

图 6-14 典型的横向和纵向剖面线
（a）典型横向剖面线；（b）典型纵向剖面线

分析图 6-14 可知，横向剖面在整个破断面上的分布波动起伏较大，后半段呈现双顶峰的趋势，而纵向剖面相对平缓下降，中部略低。由此可知，破断面在横向上的复杂度和粗糙度大于纵向。

利用盒维数法对剖面线进行分形计算，并按照式（6-9）对其分形维数进行修整，以便于对破断面进行分析。计算结果如图 6-15 所示。由图 6-15 分析可知，横向剖面分形维数呈现先增大后减小的趋势，中部出现明显极大值，说明砂岩在剪切蠕变载荷作用下试件中间部分所承受应力以及发生的变形比两侧更加复杂；

纵向剖面的分形维数波动较小，且分维数也较小，均小于横向剖面的分形维数。

$$D_{surface} = D_{section} + 1 \tag{6-9}$$

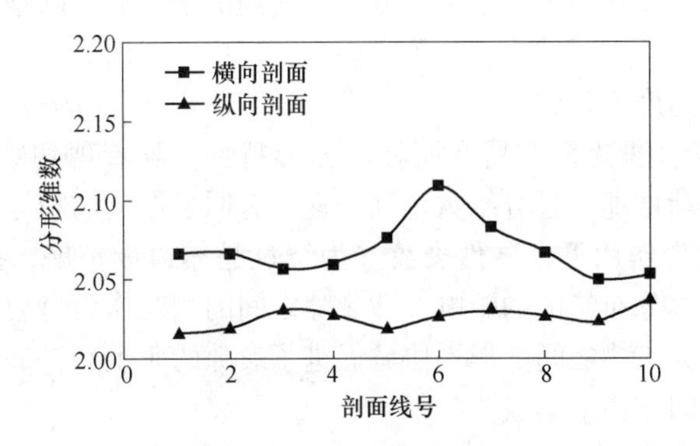

图 6-15 剖面测得的破断面分形维数

6.4.3.2 整体破断面分形特征

利用二次改进的立方体覆盖法对砂岩剪切蠕变破断面进行分维计算，计算结果如图 6-16 所示。分析可知，破断面形貌特征具有明显的分形特性，其分形维数为 2.1267。

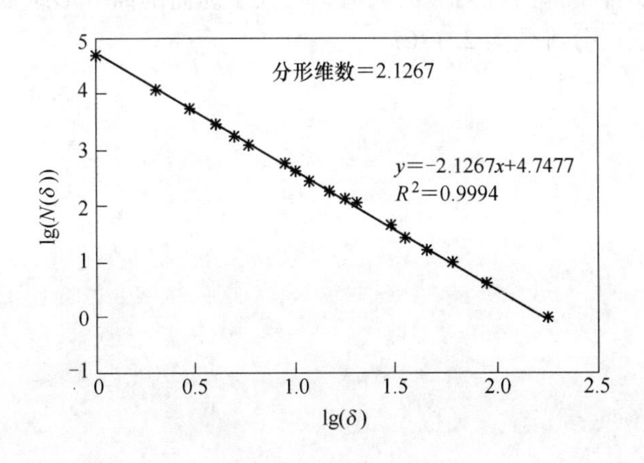

图 6-16 二次改进立方体覆盖破断面分形结果

6.5 本章小结

通过本章节的研究，可得出以下主要结论：

(1) 在较低剪切应力水平的蠕变作用下，试件蠕变变形量经过短时间的增长后基本稳定在某值，期间微裂隙萌生和扩展发展缓慢，且张开度较小；在较高剪切应力水平的蠕变作用下，蠕变应变量随时间的增长而不断增加，裂纹不断扩展，至贯穿整个试件。试件裂纹扩展方向与剪切应力方向具有一定偏差，且出现多次分岔，分岔角度变化较大。

(2) 砂岩剪切蠕变裂隙具有明显的分形特性，随着剪切蠕变应力的增加，裂隙分维数也逐渐增加，且分维数增加的速率有明显增大的趋势。

(3) 剪切蠕变作用下，试件裂纹多为绕过晶体边缘扩展，扩展路径的不规则性受到岩体晶体分布特征的影响；微裂隙之间的相互作用对裂隙的发展具有促进作用；岩体组成矿物之间变形不协调促进了裂隙的萌生和扩展；裂隙的萌生多在张拉和剪切共同作用下形成。

(4) 剪切蠕变破裂面偏离标准差与剪切强度关系曲线为一条非线性递增曲线，呈现先增大后减小的趋势，可分为三个阶段：初始阶段（*OA* 段）、增强阶段（*AB* 段）、稳定阶段（*BC* 段），表明剪切蠕变破裂面粗糙度与剪切蠕变强度具有非线性正相关性。

(5) 二次改进了计算粗糙面分形维数的立方体覆盖法，解决了改进的立方体覆盖法在立方体计数上存在的问题，并运用二次改进法分析了破断面的横向剖面、纵向剖面和整体粗糙面的分形特征，得到了剖面和整体的分形维数。横向剖面分形曲线在试件中部出现明显极大值，均大于纵向剖面分形维数，破断面具有明显的分形特征，分维数为 2.1267。

7 基于灰色理论的岩石剪切蠕变变形预测

7.1 引　言

研究岩石剪切蠕变力学特性目的是准确建立岩石剪切蠕变条件下的破坏准则、判断和预测岩石处于剪切蠕变条件下失稳的发生，并应用于边坡工程的稳定性维护，从而减少各种灾害事故。在发生的边坡灾害中，边坡滑移的孕育和发展过程及发生机理均非常复杂。当边坡失稳过程的数据收集完整后，边坡就已经发生了失稳滑移，再采取维护措施将于事无补。因此，预测边坡内岩土体的变形数据，在时间维度上远离边坡失稳点，预测边坡失稳时的数据资料，对于边坡安全防护工程来讲，尤为重要。根据本书的研究假设基础和进行的系列试验研究，可以认为边坡体内存在一潜在滑移面，而潜在滑移面附近范围内的煤岩体，在边坡体发生滑移前是处于剪切蠕变状态的。因此，预测岩石处于剪切蠕变过程中的数据，对于预测边坡滑移的孕育、发展与发生，均具有重要的实际意义和理论价值。

根据岩石力学基本理论，在不同的受力状态下，如果岩石进入屈服阶段，即可认为岩石的宏观破坏基本形成，而屈服点到峰值强度点间的区间是岩石破坏发生的关键区间。而且采矿现场的岩石多表现为脆性，表现出破坏过程更加剧烈的特点。岩石蠕变的经典规律曲线表现出明显的三阶段特性，即：初始蠕变阶段、稳定蠕变阶段（也称等速蠕变阶段）和加速蠕变阶段。其中，初始蠕变阶段可以认为是岩土体在外载荷环境形成的过程中产生的变形过程；稳定蠕变阶段可认为是岩土体最终破坏的孕育、发展阶段，其实质是岩土体内能量的不断积聚；而加速蠕变阶段则为岩土体宏观破坏形成和破坏出现阶段，主要由于岩土体内部通过蠕变过程积聚起的能量突然释放，导致岩石破坏的产生。

本书进行的岩石剪切蠕变试验研究结果表明，岩石处于剪切蠕变条件中时，其表现出的规律与岩石处于蠕变状态下具有较高的相似性。因此，可以根据相应理论寻找到预测岩石剪切蠕变条件下产生变形的理论模型，即灰色理论预测模型。本章将结合前述岩石剪切蠕变试验所得数据，运用灰色理论对岩石剪切蠕变产生变形进行预测研究。

7.2 灰色理论概述

灰色理论模型，也称 GM 模型，是由我国学者邓聚龙教授提出来的。他在

1982 年的《系统与控制通讯》杂志上发表了题为“The Control Problems of Grey Systems”的文章，并在同年的《华中工学院学报》发表了题为《灰色控制系统》的文章，这两篇文章标志着灰色理论的诞生。灰色理论提出后，受到了广大学者的支持和肯定，并被应用于不同的学科领域，并逐渐成为了一门新的学科。

灰色理论主要针对“部分已知、部分未知”的“小样本、少信息”的不确定系统开展研究工作。它将系统的已知数据进行提炼和利用，实现对系统运行规律的正确掌控，从而实现以数据找数据、小样本数据建模。

灰色理论的提出是以以下基本原理为前提的：

(1) 差异信息理论。任何信息都是有差异的，两个信息之间的差异，就是我们能够准确认识和掌握信息的关键。

(2) 非唯一解理论。如果给出的信息是不完全的，或者说是不确定的，则得到的解也将是不唯一的。

(3) 最少信息原理。这是灰色理论最大的特点。最少信息是灰色理论利用数据的原则。灰色理论认为：最少信息可以反映当前系统的发展规律，利用少量数据建模可以有很好的适用性，这也是灰色理论建模的基本思路。

(4) 认知根据理论。认识一个事物，必须通过认知该事物反映出的信息来实现。以不完全、不确定的信息来认知事物，只能得到不完全、不确定的认知。

(5) 新信息优先理论。事物反映出的新信息，往往是区别于其他事物最关键的信息。在灰色理论的核心思想里，处处都体现出新信息优先这一理论，这也是灰色理论注重信息的时效性的表现。

(6) 灰色不灭理论。尽管信息是不完全的、不确定的，但信息是客观存在的，且对信息掌握的完全与否也是一个相对的概念。客观世界里，人类对任何一个事物的掌握，都是相对的、暂时的，将随着时间的推移、科学的进步逐渐加深。灰色理论的理论基础即是以此为根本。

因此，由上述灰色理论建立的基本原理可知，用灰色理论模型，即 GM 模型来预测岩土体处于剪切蠕变过程中的变形，是符合该理论的基本原理的，是可行的。

7.3　灰色理论的数据生成

7.3.1　均值生成

灰色理论模型在生成均值时，采用的是构造新数据、填补老序列的空穴法。如果序列 X 非端点处有空穴，就可以用均值生成数据。

如果存在数据序列：

$$X = \{x(1), x(2), \cdots, x(k-1), \phi(k), x(k+1), \cdots, x(n)\} \tag{7-1}$$

$\phi(k)$ 为空穴，则可将此空穴表示为：

$$\phi(k) = \frac{x(k-1)}{2} + \frac{x(k+1)}{2} = x(k) \tag{7-2}$$

运用灰色理论建立的预测模型中，常由一阶累加序列生成紧邻均值序列，记为 Z，即：

$$Z = \{z(2), z(3), \cdots, z(n-1)\} \tag{7-3}$$

7.3.2 累加、累减生成

将“灰色”变为“白色”时，常常采用累加生成的办法，这也是灰色理论模型里处理序列最常用、最有效的方法。

若存在非负原始数据序列：

$$X^{(0)} = (2,6,1,5,7) \tag{7-4}$$

数据序列看似没有什么规律可言，如果把数据序列进行累加，则可得到：

$$X^{(1)} = (2,8,9,14,21) \tag{7-5}$$

将原始数据序列和得到的累加数据序列放在一张图内进行比较，如图 7-1 所示。

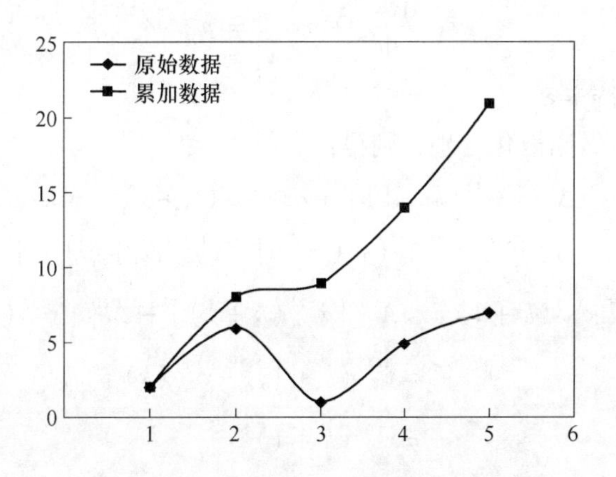

图 7-1　原始数据与累加数据规律性比较

由图 7-1 可见，累加处理后的数据的规律性明显增强。对数据序列作一次累加时，记为 1-GAO；作 r 次累加后，记为 r-GAO。灰色理论模型认为，经过累加后的数据序列一般具有指数规律，如果数据序列经过 k 次累加后，基本具备指数关系规律，则就可以用来建模。

灰色理论模型的累减生成是累加生成的互逆运算，不再赘述。

7.4　GM(1,1)模型的建模与精度提高

7.4.1　GM(1,1)模型的建模过程

灰色理论模型，也即是 GM 模型。在灰色理论模型系列里，尤以 GM(1,1)模型最为基本，应用也最为广泛。

GM(1,1)模型是指建立单变量、单序列的预测模型。其中括号内的前一个 1 指的是微分方程的阶数，后一个 1 是指序列变量的个数。

如有一个非负原始数据序列，记为：

$$X^{(0)} = \{x^{(0)}(1), x^{(0)}(2), \cdots, x^{(0)}(n)\} \tag{7-6}$$

对上述数据序列做一次累加处理，即：

$$x^{(1)}(k) = \sum_{i=1}^{k} x^{(0)}(i) \quad k = 1,2,\cdots,n \tag{7-7}$$

得到新生成序列为：

$$X^{(1)} = \{x^{(1)}(1), x^{(1)}(2), \cdots, x^{(1)}(n)\} \tag{7-8}$$

则 $x^{(0)}(k)$ 的 GM(1,1)白化微分方程为：

$$\frac{\mathrm{d}x^{(1)}}{\mathrm{d}t} + ax^{(1)} = u \tag{7-9}$$

式中　a，u——待定系数。

将式（7-9）做离散化处理，则得：

$$\Delta^{(1)}[x^{(1)}(k+1)] + az^{(1)}[x(k+1)] = u \tag{7-10}$$

式中，$\Delta^{(1)}[x^{(1)}(k+1)]$ 为 $x^{(1)}$ 在 $(k+1)$ 时刻的累减生成序列，即：

$$\begin{aligned}\Delta^{(1)}[x^{(1)}(k+1)] &= \Delta^{(0)}[x^{(1)}(k+1)] - \Delta^{(0)}[x^{(1)}(k)] \\ &= x^{(1)}(k+1) - x^{(1)}(k) \\ &= x^{(0)}(k+1)\end{aligned} \tag{7-11}$$

而 $z^{(1)}[x(k+1)]$ 为：

$$z^{(1)}[x(k+1)] = \frac{1}{2}[x^{(1)}(k+1) + x^{(1)}(k)] \tag{7-12}$$

将式（7-11）、式（7-12）代入式（7-10）中，则有：

$$x^{(0)}(k+1) = a\left\{-\frac{1}{2}[x^{(1)}(k) + x^{(1)}(k+1)]\right\} + u \tag{7-13}$$

将式（7-13）展开，则有：

$$\begin{vmatrix} x^{(0)}(2) \\ x^{(0)}(3) \\ \vdots \\ x^{(0)}(n) \end{vmatrix} = \begin{vmatrix} -\frac{1}{2}[x^{(1)}(1) + x^{(1)}(2)] & 1 \\ -\frac{1}{2}[x^{(1)}(2) + x^{(1)}(3)] & 1 \\ \vdots & \\ -\frac{1}{2}[x^{(1)}(n-1) + x^{(1)}(n)] & 1 \end{vmatrix} \begin{vmatrix} a \\ u \end{vmatrix} \tag{7-14}$$

若令 $Y = \begin{vmatrix} x^{(0)}(2) \\ x^{(0)}(3) \\ \vdots \\ x^{(0)}(n) \end{vmatrix}$, $B = \begin{vmatrix} -\frac{1}{2}[x^{(1)}(1) + x^{(1)}(2)] & 1 \\ -\frac{1}{2}[x^{(1)}(2) + x^{(1)}(3)] & 1 \\ \vdots & \\ -\frac{1}{2}[x^{(1)}(n-1) + x^{(1)}(n)] & 1 \end{vmatrix}$, $\Phi = \begin{vmatrix} a \\ u \end{vmatrix}$,

则式（7-14）可写为：

$$Y = B\Phi \tag{7-15}$$

Φ 可用最小二乘法求取，即：

$$\Phi = \begin{vmatrix} a \\ u \end{vmatrix} = (B^{\mathrm{T}}B)^{-1}B^{\mathrm{T}}Y \tag{7-16}$$

把求解出的参数 a、u 代入式（7-10）中，可求出其离散解为：

$$\hat{x}^{(1)}(k+1) = \left[x^{(1)}(1) - \frac{\hat{u}}{\hat{a}}\right]e^{-ak} + \frac{\hat{u}}{\hat{a}} \tag{7-17}$$

还原到原始数据得：

$$\begin{aligned} \hat{x}^{(0)}(k+1) &= \hat{x}^{(1)}(k+1) - \hat{x}^{(1)}(k) \\ &= (1 - e^{\hat{a}})\left[x^{(1)}(1) - \frac{\hat{u}}{\hat{a}}\right]e^{-\hat{a}k} \end{aligned} \tag{7-18}$$

7.4.2 GM(1,1)模型的分类

GM(1,1)主要包括以下四种类型，即：原始差分 GM(1,1)、均值GM(1,1)、均值差分 GM(1,1)、离散 GM(1,1)模型。

7.4.2.1 原始差分 GM(1,1)

对数据序列 $X^{(0)}(t) = \{x^{(0)}(t_1), x^{(0)}(t_2), \cdots, x^{(0)}(t_n)\}$ 做一次累加，则可得：

$$X^{(1)}(t) = \{x^{(1)}(t_1), x^{(1)}(t_2), \cdots, x^{(1)}(t_n)\} \tag{7-19}$$

此时，称形式如式（7-9）的差分方程为 GM(1,1)的原始形式，此时的 Y、B 分别为：

$$Y = \{x^{(0)}(2), x^{(0)}(3), \cdots, x^{(0)}(n)\}^{\mathrm{T}} \tag{7-20}$$

$$B = \begin{bmatrix} -z^{(1)}(2) & 1 \\ -z^{(1)}(3) & 1 \\ \vdots & \vdots \\ -z^{(1)}(n) & 1 \end{bmatrix} \tag{7-21}$$

$X^{(0)}$ 的时间响应式为：

$$x^{(0)}(k) = -a\left[x^{(0)}(1) - \frac{b}{a}\right]\left(\frac{1}{1+a}\right)^k \quad k = 1,2,\cdots,n \tag{7-22}$$

7.4.2.2 均值 GM(1,1)

如果定义式（7-9）为式（7-23）（灰色微分方程）的白化微分方程：

$$x^{(0)}(k) + az^{(1)}(k) = b \tag{7-23}$$

参数估计式为：

$$(a,b)^{\mathrm{T}} = (B^{\mathrm{T}}B)^{-1}B^{\mathrm{T}}Y_n \tag{7-24}$$

此时矩阵 B 应变化为：

$$B = \begin{bmatrix} -\dfrac{x^{(1)}(1) + x^{(1)}(2)}{2} & 1 \\ -\dfrac{x^{(1)}(2) + x^{(1)}(3)}{2} & 1 \\ \vdots & \vdots \\ -\dfrac{x^{(1)}(n-1) + x^{(1)}(n)}{2} & 1 \end{bmatrix} = \begin{bmatrix} -z^{(1)}(2) & 1 \\ -z^{(1)}(3) & 1 \\ \vdots & \vdots \\ -z^{(1)}(n) & 1 \end{bmatrix} \tag{7-25}$$

$$Y_n = [x^{(0)}(2),\ x^{(0)}(3), \cdots, x^{(0)}(n)]^{\mathrm{T}} \tag{7-26}$$

时间响应式为：

$$x^{(1)}(k) = \left[x^{(1)}(1) - \frac{b}{a}\right]e^{-a(k-1)} + \frac{b}{a} \quad k = 1,2,\cdots,n \tag{7-27}$$

将上式做累减，可得对应的 $X^{(0)}$ 的时间响应式为：

$$x^{(0)}(k) = (1 - e^{a})\left[x^{(0)}(1) - \frac{b}{a}\right]e^{-a(k-1)} \quad k = 1,2,\cdots,n \tag{7-28}$$

上述即为GM(1,1)的均值模型，该模型是目前应用最广的灰色理论模型，一般意义上的GM(1,1)模型就是指此模型。

7.4.2.3　均值差分GM(1,1)模型

数据序列经一次累加后生成紧邻均值序列，得到：

$$Z^{(1)} = \{z^{(1)}(2), z^{(1)}(3), \cdots, z^{(1)}(n-1)\} \tag{7-29}$$

式中：

$$z^{(1)}(k) = \frac{x^{(1)}(k) + x^{(1)}(k-1)}{2} \quad k \geqslant 2 \tag{7-30}$$

则称 $x^{(0)}(k) + az^{(1)}(k) = b$ 为GM(1,1)的均值形式，其参数估计式为：

$$(a,b)^{T} = (B^{T}B)^{-1}B^{T}Y_{n} \tag{7-31}$$

此时，Y_n、B 分别为：

$$Y_{n} = \{x^{(0)}(2), x^{(0)}(3), \cdots, x^{(0)}(n)\}^{T} \tag{7-32}$$

$$B = \begin{bmatrix} -\frac{x^{(1)}(1) + x^{(1)}(2)}{2} & 1 \\ -\frac{x^{(1)}(2) + x^{(1)}(3)}{2} & 1 \\ \vdots & \vdots \end{bmatrix} \tag{7-33}$$

$X^{(0)}$ 的时间响应式为：

$$x^{(0)}(k) = \left(\frac{-a}{1-0.5a}\right)\left[x^{(0)}(1) - \frac{b}{a}\right]\left(\frac{1-0.5a}{1+0.5a}\right)^{k} \quad k = 1,2,\cdots,n \tag{7-34}$$

7.4.2.4　离散GM(1,1)模型

称 $x^{(1)}(k+1) = \beta_1 x^{(1)}(k) + \beta_2$ 为GM(1,1)模型的离散形式，此时的参数向量为：

$$\beta = [\beta_1, \beta_2] = (B^{T}B)^{-1}B^{T}Y_{n} \tag{7-35}$$

Y_n、B 分别为：

$$Y_{n} = \{x^{(0)}(2), x^{(0)}(3), \cdots, x^{(0)}(n)\}^{T} \tag{7-36}$$

$$B = \begin{bmatrix} -z^{(1)}(2) & 1 \\ -z^{(1)}(3) & 1 \\ \vdots & \vdots \\ -z^{(1)}(n) & 1 \end{bmatrix} \tag{7-37}$$

$X^{(0)}$ 的时间响应式为：

$$x^{(0)}(k) = (\beta_1 - 1)\left[x^{(0)}(1) - \frac{\beta_2}{1-\beta_1}\right]\beta_1^{k-1} \quad k = 1,2,\cdots,n \tag{7-38}$$

7.4.3　GM(1,1)模型预测精度的提高

为了进一步提高灰色模型——GM(1,1)模型的预测精度，可再对模型各参数进行二次拟合处理，则白化微分方程的解可以写作：

$$\hat{x}^{(1)}(k+1) = Ae^{-ak} + B \tag{7-39}$$

根据首次所得 a 值和原始的累加处理数据序列（1-AGO 数据序列）$X^{(1)}(k)$，可以对 A、B 进行再处理：

$$\begin{aligned} x^{(1)}(2) &= Ae^{-a} + B \\ x^{(1)}(3) &= Ae^{-2a} + B \\ &\vdots \\ x^{(1)}(n) &= Ae^{-a(n-1)} + B \end{aligned} \tag{7-40}$$

可以写为：

$$X^{(1)} = G\begin{pmatrix} A \\ B \end{pmatrix} \tag{7-41}$$

式中：

$$X^{(1)} = [x^{(1)}(1), x^{(1)}(2), x^{(1)}(3), \cdots, x^{(1)}(n)]^{\mathrm{T}} \tag{7-42}$$

$$G = \begin{pmatrix} e^{0} & 1 \\ e^{-a} & 1 \\ e^{-2a} & 1 \\ \vdots & \vdots \\ e^{-a(n-1)} & 1 \end{pmatrix} \tag{7-43}$$

根据最小二乘法原理：

$$\begin{pmatrix} A \\ B \end{pmatrix} = (G^{\mathrm{T}}G)^{-1}G^{\mathrm{T}}X^{(1)} \tag{7-44}$$

由累加公式反推可得：

$$\hat{x}^{(0)}(k+1) = \hat{x}^{(1)}(k+1) - \hat{x}^{(1)}(k) \tag{7-45}$$

式中 $\hat{x}^{(0)}(k+1)$ —— $x^{(0)}(k+1)$ 的还原模拟值。

7.5 GM(1,1)模型适用范围

GM(1,1)模型在预测未知数据领域，应用非常广泛，但这并不意味着GM(1,1)模型适用于任意数据序列的预测工作。根据研究成果，刘思峰等根据模型的系数 a 的值，将GM(1,1)模型的适用范围可界定为有效区、慎用区、不宜区和禁区四个范围，如图7-2所示。

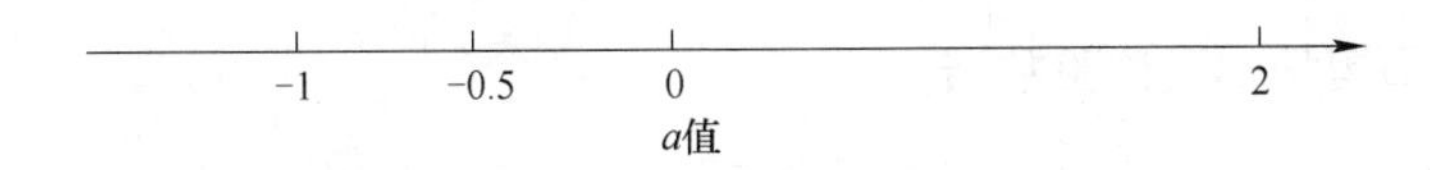

图7-2 模型系数 a 的值

存在以下几种情况：

(1) 当满足以下情况时：

$$(n-1)\sum_{k=2}^{n}[x^{(1)}(k)]^2 \longrightarrow \left[\sum_{k=2}^{n}x^{(1)}(k)\right]^2 \tag{7-46}$$

或

$$|a| \geqslant 2$$

此时GM(1,1)模型均失效。

(2) 当模型系数 a 满足：

$$|a| < 2$$

此时，模型的应用范围又可分为以下几种情况：

1) 当系数 a 满足：

$$a \geqslant -0.3$$

此时GM(1,1)模型可中长期预测，为模型应用的白色区域。

2) 当系数 a 满足：

$$-0.5 \leqslant a < -0.3$$

此时GM(1,1)模型可短期预测，中长期预测慎用。

3) 当系数 a 满足：

$$-0.8 \leqslant a < -0.5$$

此时 GM(1,1)模型短期预测时慎用。

4）当系数 a 满足：

$$-1.0 \leqslant a < -0.8$$

此时应该用残差修正模型修正 GM(1,1)模型的预测。

5）当系数 a 满足：

$$a < -1$$

此时 GM(1,1)模型不能用来预测。

7.6　剪切蠕变条件下岩石的变形预测

7.6.1　岩石剪切蠕变试验数据

岩石处于剪切蠕变状态下，就是岩石在恒定的剪切应力作用下不断发生剪切蠕变的过程。随着作用于岩石上的恒定剪切应力作用时间的延长，岩石将在剪切应力作用方向上不断地产生剪切蠕变，但产生剪切蠕变的速率变化是非常复杂的，导致岩石的变形也是非常复杂的，需要借助数学模型对之进行预测。以一组典型的岩石剪切蠕变试验数据为研究对象，运用上述的灰色 GM(1,1)模型对其产生的变形进行预测研究。

试验数据见表 7-1 和图 7-3。

表 7-1　岩石剪切蠕变试验数据

序　号	时间/h	17.23MPa	22.97MPa	28.71MPa	34.46MPa
1	0.00	0.00	0.00	0.00	0.00
2	2.00	53.50	21.10	38.31	24.54
3	4.00	53.80	25.30	41.90	28.73
4	6.00	53.80	25.30	44.90	30.13
5	8.00	53.80	25.30	45.17	33.13
6	10.00	53.80	25.30	45.17	37.80
7	12.00	53.80	25.30	45.17	43.29
8	14.00	53.80	25.30	45.17	54.45
9	16.00	53.80	25.30	45.17	

7.6.2　运用灰色 GM(1,1)模型预测

以表 7-1 内第 3 列和第 6 列的数据（分别为岩石经长时剪切蠕变不破坏、破坏的状态）为例，运用灰色理论 GM(1,1)模型理论对之进行预测研究。

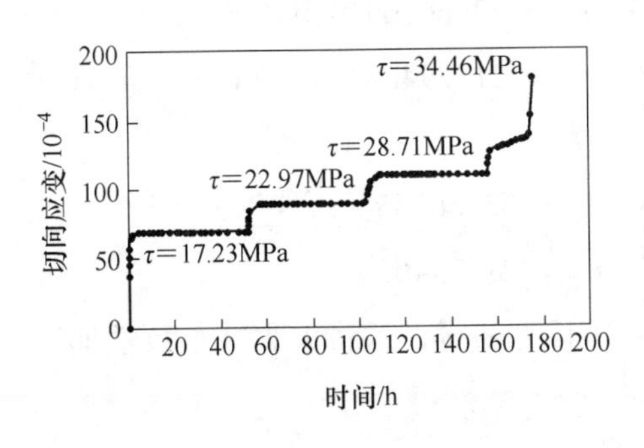

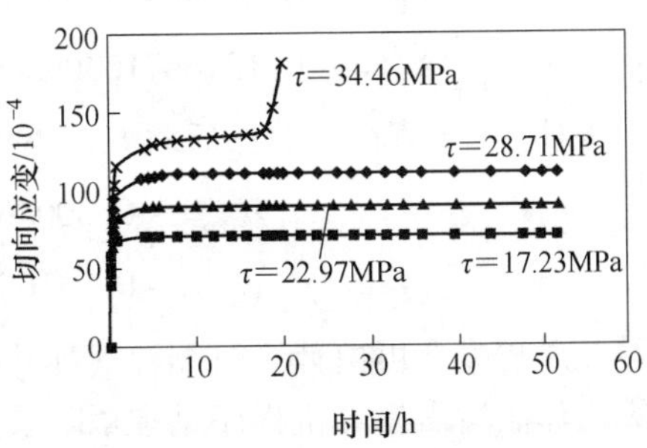

图 7-3 岩石剪切蠕变试验曲线

原始的试验数据，如下数据序列变量：

$$X_1^{(0)}=(0,53.50,53.80,53.80,53.80,53.80,53.80,53.80,53.80)$$

$$X_2^{(0)}=(0,24.54,28.73,30.13,33.13,37.80,43.29,54.45)$$

对上述两个数据序列进行累加处理，可得：

$$X_1^{(1)}=(0,53.50,107.30,161.10,214.90,268.70,322.50,376.30,430.10)$$

$$X_2^{(1)}=(0,24.54,53.27,83.40,116.53,154.33,197.62,252.07)$$

由式（7-14）可计算获得两数据序列的 Y、B 分别为：

$$Y_1=\begin{vmatrix}53.50\\53.80\\53.80\\53.80\\53.80\\53.80\\53.80\\53.80\end{vmatrix},\ B_1=\begin{vmatrix}-26.75 & 1\\-80.40 & 1\\-134.20 & 1\\-188.00 & 1\\-241.80 & 1\\-295.60 & 1\\-349.40 & 1\\-403.20 & 1\end{vmatrix}$$

$$Y_2=\begin{vmatrix}24.54\\28.73\\30.13\\33.13\\37.80\\43.29\\54.45\end{vmatrix},\ B_2=\begin{vmatrix}-12.27 & 1\\-38.91 & 1\\-68.34 & 1\\-99.97 & 1\\-135.43 & 1\\-175.98 & 1\\-224.85 & 1\end{vmatrix}$$

则可求得白化方程的 a、u 值分别为：

$$a_1 = -0.00046457593383 \quad u_1 = 53.6626539203105$$

$$a_2 = -0.13166716309566 \quad u_2 = 21.7946487843506$$

上述 a、u 值在小数点后取五位小数，则有：

$$a_1 = -0.00046 \quad u_1 = 53.66265$$

$$a_2 = -0.13167 \quad u_2 = 21.79465$$

此过程完全可由计算机编程（Matlab）计算获得，这将大大减小数学理论的计算工作。所需计算机程序见本章附录。

7.6.3 适用性判断

根据计算所得的系数 a，对灰色 GM(1,1)模型的适用性进行判断，可知：

$$a_1(a_1 = -0.00046) > a_2(a_2 = -0.13167) > -0.3$$

符合 7.5 节条件（2）中的 1)，即：

当系数 a 满足：

$$a \geqslant -0.3$$

此时 GM(1,1)模型可中长期预测，为模型应用的白色区域。可以用于岩石的剪切蠕变预测工作。

7.6.4 试验值与预测值的对比

根据灰色理论，对岩石的剪切蠕变试验数据进行预测研究，可得表 7-2 所示的数据。

表 7-2　灰色 GM(1,1)模型的预测值

序　号	时间/h	17.23MPa	预测值	误差/%	34.46MPa	预测值	误差/%
1	0.00	0.00	0.00	0	0.00	0.00	0
2	2.00	53.50	53.69	0.36	24.54	25.00	0.24
3	4.00	53.80	53.72	−0.15	28.73	26.42	−8.00
4	6.00	53.80	53.74	−0.11	30.13	30.14	0.03
5	8.00	53.80	53.77	−0.06	33.13	34.38	3.80
6	10.00	53.80	53.79	−0.02	37.80	39.22	3.80
7	12.00	53.80	53.82	0.04	43.29	44.74	3.34
8	14.00	53.80	53.84	0.07	54.45	51.03	6.28
9	16.00	53.80	53.87	0.13			

由表 7-2 可知，灰色 GM(1,1)模型用于预测岩石剪切蠕变时，产生的最大误差为 8.00%，而最小误差为 0.02%，误差处于较小范围之内。故该模型用于预测岩石剪切蠕变的变形数据是可行的。

将试验值和预测值绘制在一张图中，可更直观地看出灰色 GM(1,1)模型用于预测岩石剪切蠕变的优势所在，如图 7-4 所示。

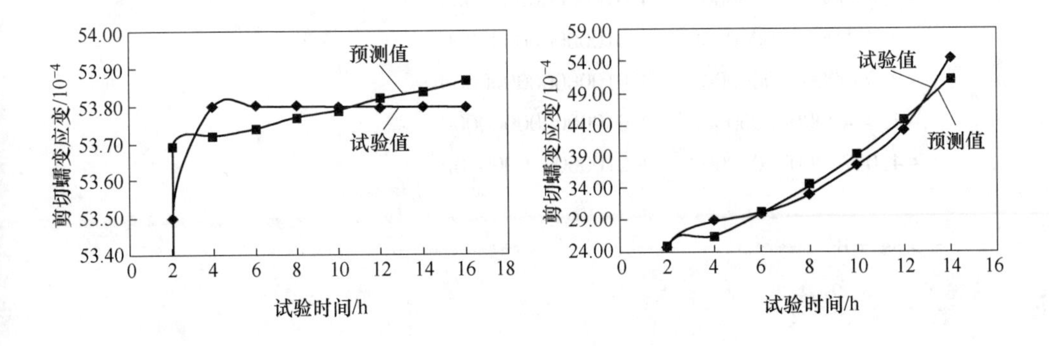

图 7-4　试验值与预测值对比分析

7.7　本章小结

根据本章进行的研究，可得以下主要结论：

（1）介绍了灰色理论的基础，并结合岩石剪切蠕变的变形特征，完善了灰色 GM(1,1)预测模型，并提出了灰色 GM(1,1)模型预测值精度提高的方法，指出了该方法的适用范围。

（2）运用灰色 GM(1,1)模型对岩石剪切蠕变试验数据进行了预测研究，并将预测值与试验值进行了对比分析，认为预测所得值与试验值之间误差较小，可以用灰色 GM(1,1)模型对岩石剪切蠕变数据进行预测分析。

附录　计算机求解程序

（1）计算 a、u 值部分：

```
>> B = [ -26.75 1; -80.40 1; -134.20 1; -188.00 1; -241.80 1; -295.60 1;
-349.40 1; -403.20 1]

B =

   1.0e+02 *

  -0.267500000000000    0.010000000000000
```

```
  -0.804000000000000   0.010000000000000
  -1.342000000000000   0.010000000000000
  -1.880000000000000   0.010000000000000
  -2.418000000000000   0.010000000000000
  -2.956000000000000   0.010000000000000
  -3.494000000000000   0.010000000000000
  -4.032000000000000   0.010000000000000

>> A = B'

A =

  1.0e+02 *

  Columns 1 through 7

  - 0.267500000000000    - 0.804000000000000    - 1.342000000000000
-1.880000000000000    - 2.418000000000000    - 2.956000000000000
-3.494000000000000
  0.010000000000000   0.010000000000000   0.010000000000000   0.010000000000000
0.010000000000000   0.010000000000000   0.010000000000000

  Column 8

  -4.032000000000000
  0.010000000000000

>> Y = [53.5;53.8;53.8;53.8;53.8;53.8;53.8;53.8]

Y =

  53.500000000000000
  53.799999999999997
  53.799999999999997
  53.799999999999997
  53.799999999999997
```

```
  53.799999999999997
  53.799999999999997
  53.799999999999997

>> N = inv(A * B) * A * Y

N =

   -0.000464575923787
  53.662653923179484
```

（2）预测值部分：

```
>> a = 0.00046

a =

   4.6000e-04

>> G = [1 1;exp(a) 1;exp(2 * a) 1;exp(3 * a) 1;exp(4 * a) 1;exp(5 * a) 1;
exp(6 * a) 1;exp(7 * a) 1;exp(8 * a) 1]

G =

    1.0000    1.0000
    1.0005    1.0000
    1.0009    1.0000
    1.0014    1.0000
    1.0018    1.0000
    1.0023    1.0000
    1.0028    1.0000
    1.0032    1.0000
    1.0037    1.0000

>> F = G'
```

```
F =

    1.0000    1.0005    1.0009    1.0014    1.0018    1.0023    1.0028
1.0032    1.0037
    1.0000    1.0000    1.0000    1.0000    1.0000    1.0000    1.0000
1.0000    1.0000

>> X = [0;53.50;107.30;161.10;214.90;268.70;322.50;376.30;430.10]

X =

         0
   53.5000
  107.3000
  161.1000
  214.9000
  268.7000
  322.5000
  376.3000
  430.1000

>> N = inv(F * G) * F * X

N =

   1.0e+05  *

    1.1670
   -1.1670

>> A = 116700

A =

      116700

>> B = -116700
```

```
B =

    -116700

>> Q=[0 A*exp(a)+B A*exp(2*a)+B A*exp(3*a)+B A*exp(4*a)
+B A*exp(5*a)+B A*exp(6*a)+B A*exp(7*a)+B A*exp(8*a)+B]

Q =

        0    53.6943    107.4134    161.1572    214.9257    268.7189    322.5369
376.3796    430.2472

>> P=[A*exp(a)+B A*exp(2*a)+B A*exp(3*a)+B A*exp(4*a)+
B A*exp(5*a)+B A*exp(6*a)+B A*exp(7*a)+B A*exp(8*a)+B 0]

P =

    53.6943    107.4134    161.1572    214.9257    268.7189    322.5369    376.3796
430.2472    0

>> W=P-Q

W =

    53.6943    53.7191    53.7438    53.7685    53.7932    53.8180    53.8427
53.8675    -430.2472

>>
```

8 边坡渐进破坏剪切蠕变力学模型

边坡时效特性对边坡稳定性有重要影响作用，滑动面上单元的力学环境为限制性剪切蠕变载荷作用，因此，分析和研究边坡及其关键单元岩体的蠕变特性及其力学模型的构建对掌握边坡内潜在滑移面失稳特征和边坡时效特性具有重要的理论意义和工程实践价值。本章以开展的边坡关键单元岩体限制性剪切蠕变试验结果和获得的数据为依据，从岩石材料破坏机制和最大线应变理论的角度出发，分析边坡潜在滑移面关键单元岩体在限制性剪切蠕变载荷下的变形特征和力学特性，提出边坡滑移面的力学模型和渐进式破坏特性的塑性元件模型，并运用该塑性元件模型建立可反映岩石渐进性破坏特性和蠕变失稳机制的蠕变模型。

8.1 几种岩石蠕变本构模型

表征岩石处于蠕变状态下的变性特点的本构方程，一直是业内广大学者们的研究热点和重点。根据不同的岩石类型和外界条件，广大学者们对岩石的蠕变力学特性和本构方程进行了广泛的研究和积极的探讨，获得了具有代表意义的条件下的岩石蠕变力学特性，并建立了多种反映蠕变力学特性的本构方程，其中最为典型的有以下几个。

8.1.1 改进的西元正夫模型

曹树刚等人在认识到以往建立的岩石蠕变本构方程仅能描述衰减蠕变，而不能描述非衰减蠕变的事实后，在把岩石的粘滞系数变化看作“先随裂隙闭合增大，达到最大值后又随裂隙扩展减小”的基础上，对西元正夫模型进行了修正，提出了新的粘滞体模型。

新的粘滞体模型的本构方程为：

一维应力下：

$$\begin{cases} \sigma = \dfrac{A\eta_0}{At^2 + Bt + C}\dot{\varepsilon} \\ \tau = \dfrac{A\eta_0}{At^2 + Bt + C}\dot{\gamma} \end{cases} \tag{8-1}$$

三维应力下，应力张量表示的本构方程为：

$$\begin{cases} S' = \dfrac{2A\eta \dot{E}'}{At^2 + Bt + C} & \sigma'_{ij} = \dfrac{2A\eta \varepsilon'_{ij}}{At^2 + Bt + C} \\ S'' = \dfrac{3AKE''}{At^2 + Bt + C} & \sigma_m = \dfrac{K\varepsilon_V}{At^2 + Bt + C} \end{cases} \tag{8-2}$$

式中 A，B，C——常数。

基于上述模型，构造出了能反映岩石三阶段蠕变的流变体模型，为：

$$\mathrm{K - B = H - K - (N \parallel S_{t'} V) = H - K - VP}$$

模型中的 VP 体中的粘滞性体模型用上述提出的模型替代，如图 8-1 所示。

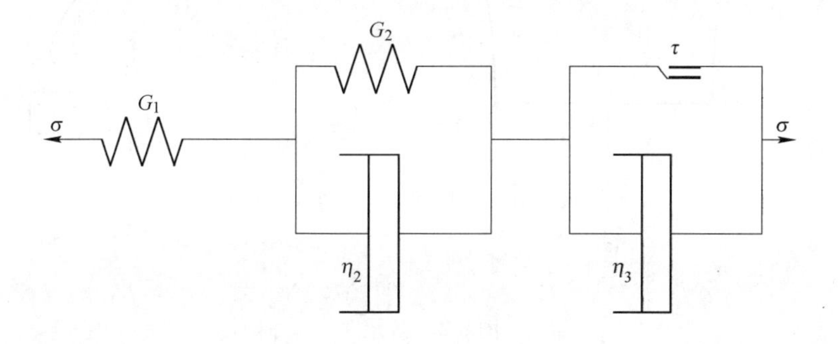

图 8-1 改进的西元正夫模型

根据串并联原理和各元件变形特点，可得到蠕变状态下模型的本构方程为：

$$\begin{cases} E' = \dfrac{S'_0}{2G_1} + \dfrac{S'_0}{2G_2}\left[1 - \exp\left(\dfrac{G_2}{\eta_2}t\right)\right] & \tau < \tau_y \\ E' = \dfrac{S'_0}{2G_1} + \dfrac{S'_0}{2G_2}\left[1 - \exp\left(\dfrac{G_2}{\eta_2}t\right)\right] + \dfrac{S'_0 - \tau_y}{2\eta_3}\left(\dfrac{1}{3}t^3 - \dfrac{B}{2A}t^2 + \dfrac{C}{A}t\right) & \tau = \tau_y \end{cases} \tag{8-3}$$

式中 S'_0——蠕变荷载。

8.1.2 软岩复合流变模型

陈沅江、潘长良等在认识到现有模型不能描述软岩工程中实际存在的加速蠕变现象的事实后，创造性地提出了两种新的元件，并以原有模型为基础，提出了新的可描述软岩加速蠕变阶段特性的蠕变本构模型。

提出的一种变截面牛顿阻尼器（蠕变体），如图 8-2（a）所示。

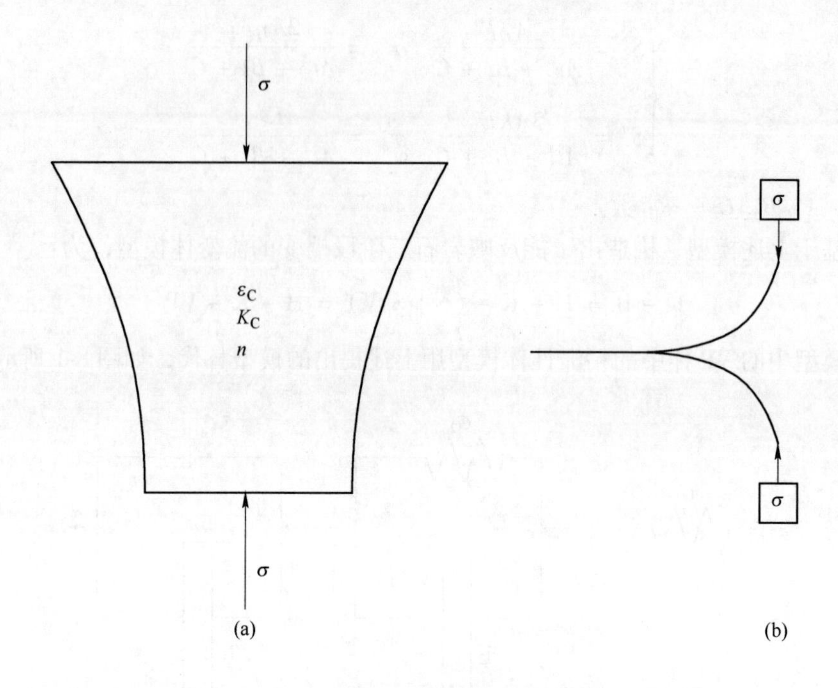

图 8-2　新元件
(a) 蠕变体；(b) 裂隙塑性体

提出的蠕变体中，初始长度为 ε_0，在初始长度内具有和线性牛顿体类似的特性，即：

$$\frac{d\varepsilon}{dt} = \frac{\sigma}{K_C} \tag{8-4}$$

对于其他区域，则有：

$$\frac{d\varepsilon}{dt} = \frac{\sigma}{K_C} \cdot \left(\frac{\varepsilon}{\varepsilon_C}\right)^n \tag{8-5}$$

式中　n——由岩性决定。

将上述元件与圣维南体并联，命名为 CYJ 体。

提出的裂隙塑性体由两个单位长度、曲率按回旋线变化的等截面悬臂梁组成，两梁在零曲率处相连，且在其末端作用的应力均为 σ，如图 8-2（b）所示。两梁之间的间隙取决于应力 σ 的大小。当应力趋近于无穷大时，间隙趋于零，最大应变为 ε_L，最大弯矩达到 m_1，其对应的应力为 σ_L，其本构方程为：

$$\varepsilon = \varepsilon_L \cdot \left[1 - \left(1 + \frac{\sigma}{\sigma_L}\right)^{-2}\right] \tag{8-6}$$

或者：

$$\sigma = \sigma_{L} \cdot \left[\left(1 - \frac{\varepsilon}{\varepsilon_{L}} \right)^{-\frac{1}{2}} - 1 \right] \tag{8-7}$$

为了解决裂隙闭合存在门槛值的现象，将裂隙塑性体与圣维南体并联，将圣维南体的屈服强度作为门槛值。

结合上述两个基本模型，提出了如图 8-3 所示的力学模型。

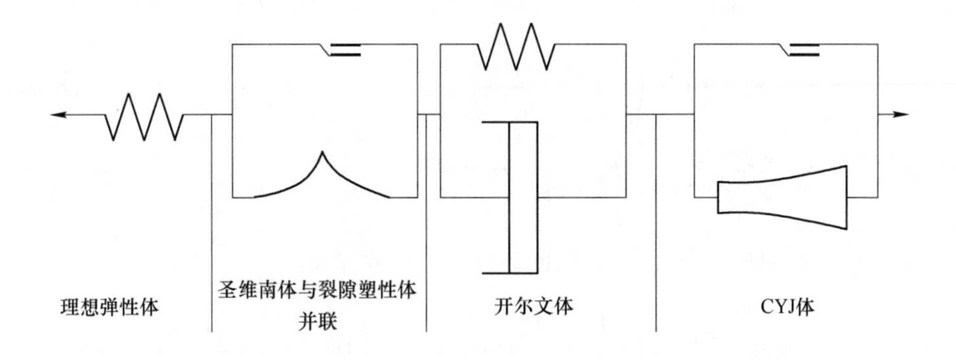

图 8-3　软岩的复合流变模型

该模型内的参数如表 8-1 所示。

表 8-1　复合流变模型的力学参数

理想弹性体	L 与 S 并联	开尔文体	CYJ 体
E_{H}	ε_{L}，σ_{L}	E_{H}	ε_{S}，σ_{C}
	σ_{LS}	η_{K}	K_{C}，n

模型处于蠕变状态中时，有以下几种情况：

（1）当 $\sigma_0 < \sigma_{LS}$，模型退化为由理想弹性体和开尔文体组成的模型，此时的本构方程为：

$$\varepsilon = \frac{\sigma_0}{E_{K}} \exp\left(-\frac{E_{K}}{\eta_{K}} \cdot t \right) + \frac{E_{H} + E_{K}}{E_{H} \cdot E_{K}} \cdot \sigma_0 \tag{8-8}$$

（2）当 $\sigma_{LS} < \sigma_0 < \sigma_{S}$，模型中除去 CYJ 体，全部元件均出现变形，此时的本构方程为：

$$\varepsilon = -\frac{\sigma_0}{E_{K}} \cdot \exp\left(-\frac{E_{K}}{\eta_{K}} \cdot t \right) + \frac{E_{H} + E_{K}}{E_{H} \cdot E_{K}} \cdot \sigma_0 + \varepsilon_{L} \cdot \left[1 - \left(1 + \frac{\sigma_0 - \sigma_{LS}}{\sigma_{L}} \right)^{-2} \right]$$

$$\dot{\varepsilon} = \frac{\sigma_0}{\eta_{K}} \cdot \exp\left(-\frac{E_{K}}{\eta_{K}} \cdot t \right) \tag{8-9}$$

当$\sigma_0 > \sigma_S$，CYJ 体也将参与蠕变，当蠕变时间在$[0, t_C]$ $\left(其中，t_C = \dfrac{\varepsilon_C \cdot K_C}{\sigma_0 - \sigma_S}\right)$时间段时，本构方程为：

$$\varepsilon = -\frac{\sigma_0}{E_K} \cdot \exp\left(-\frac{E_K}{\eta_K} \cdot t\right) + \frac{\sigma_0 - \sigma_S}{K_C} \cdot t + \frac{E_H + E_K}{E_H \cdot E_K} \cdot \sigma_0 + \varepsilon_L \cdot \left[1 - \left(1 + \frac{\sigma_0 - \sigma_{LS}}{\sigma_L}\right)^{-2}\right] \tag{8-10}$$

$$\dot{\varepsilon} = \frac{\sigma_0}{\eta_K} \cdot \exp\left(-\frac{E_K}{\eta_K} \cdot t\right) + \frac{\sigma_0 - \sigma_S}{K_C}$$

当蠕变时间处于［t_C，∞］时间段时，本构方程为：

$$\varepsilon = -\frac{\sigma_0}{E_K} \cdot \exp\left(-\frac{E_K}{\eta_K} \cdot t\right) + \frac{E_H + E_K}{E_H \cdot E_K} \cdot \sigma_0 + \varepsilon_L \cdot \left[1 - \left(1 + \frac{\sigma_0 - \sigma_{LS}}{\sigma_L}\right)^{-2}\right] + \begin{cases} \exp\left(\dfrac{\sigma_0 - \sigma_S}{K_C \cdot \varepsilon_C} \cdot t + \ln\varepsilon_C - 1\right) & n = 1 \\ \varepsilon_C \cdot \left[\dfrac{(1-n) \cdot (\sigma_0 - \sigma_S)}{K_C \cdot \varepsilon_C} \cdot t + n\right]^{\frac{1}{1-n}} & n \neq 1 \end{cases}$$

$$\dot{\varepsilon} = \frac{\sigma_0}{\eta_K} \cdot \exp\left(-\frac{E_K}{\eta_K} \cdot t\right) + \begin{cases} \dfrac{\sigma_0 - \sigma_S}{K_C} \cdot \left[\dfrac{(1-n) \cdot (\sigma_0 - \sigma_S)}{K_C \cdot \varepsilon_C} \cdot t + n\right]^{\frac{n}{1-n}} & n \neq 1 \\ \dfrac{\sigma_0 - \sigma_S}{K_C \cdot \varepsilon_C} \cdot \exp\left(\dfrac{\sigma_0 - \sigma_S}{K_C \cdot \varepsilon_C}\right) & n = 1 \end{cases} \tag{8-11}$$

8.1.3　河海模型

为了详细描述岩石流变过程中的弹性、粘性、塑性、粘弹性、粘塑性等多种变形形态，并完整呈现岩石流变的整个过程，特别是加速流变过程，徐卫亚、杨圣奇等在自己提出的非线性粘塑性体（NVPB）基础上，提出了一种七元件力学模型，如图 8-4 所示。

当模型中仅有 1、2、3 三部分参与流变时，流变模型为五元件线性黏弹性模型，此时的状态方程为：

$$\begin{cases}\sigma_1 = E_1 \cdot \varepsilon_1 \\ \sigma_2 = E_2 \cdot \varepsilon_2 + \eta_1 \cdot \dot{\varepsilon}_2 \\ \sigma_3 = E_3 \cdot \varepsilon_3 + \eta_2 \cdot \dot{\varepsilon}_3 \\ \sigma_1 = \sigma_2 = \sigma_3 = \sigma \\ \varepsilon = \varepsilon_1 + \varepsilon_2 + \varepsilon_3 \end{cases} \tag{8-12}$$

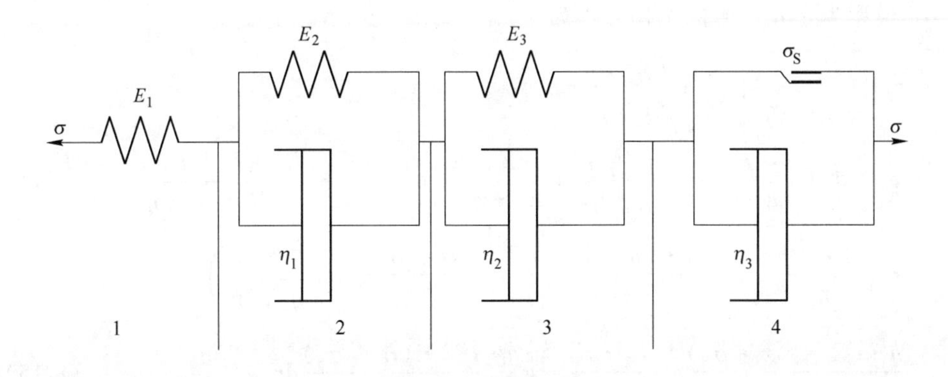

图 8-4　河海模型

当 1、2、3、4 四部分均参与流变时，此时模型变为七元件非线性粘弹塑性模型，此时的状态方程为：

$$\begin{cases}\sigma_1 = E_1 \cdot \varepsilon_1 \\ \sigma_2 = E_2 \cdot \varepsilon_2 + \eta_1 \cdot \dot{\varepsilon}_2 \\ \sigma_3 = E_3 \cdot \varepsilon_3 + \eta_2 \cdot \dot{\varepsilon}_3 \\ \sigma_4 = \sigma_S + \eta_3 \cdot \varepsilon_4 / (\dot{n}t^{n-1}) \\ \sigma_1 = \sigma_2 = \sigma_3 = \sigma_4 = \sigma \\ \varepsilon = \varepsilon_1 + \varepsilon_2 + \varepsilon_3 + \varepsilon_4 \end{cases} \tag{8-13}$$

式中　σ，ε——模型总的应力和应变；

$\sigma_1 \sim \sigma_4$——1、2、3、4 部分的应力；

$\varepsilon_1 \sim \varepsilon_4$——1、2、3、4 部分的应变；

$E_1 \sim E_3$，$\eta_1 \sim \eta_3$——分别为材料的弹性、粘性和塑性参数；

N——流变指数。

则模型为五元件时的本构方程为：

$$\ddot{\varepsilon} + \left(\frac{E_2}{\eta_1} + \frac{E_3}{\eta_2}\right) \cdot \dot{\varepsilon} + \frac{E_2 \cdot E_3}{\eta_1 \cdot \eta_2} \cdot \varepsilon$$

$$= \frac{1}{E_1} \cdot \ddot{\sigma} + \left(\frac{E_2}{E_1 \cdot \eta_1} + \frac{\eta_1 + \eta_2}{\eta_1 \cdot \eta_2} + \frac{E_3}{E_1 \cdot \eta_2}\right) \cdot \dot{\sigma} + \left(\frac{E_1 \cdot E_2 + E_2 \cdot E_3 + E_1 \cdot E_3}{E_1 \cdot \eta_1 \cdot \eta_2}\right) \cdot \sigma \tag{8-14}$$

模型为七元件时的本构方程为：

$$\ddot{\varepsilon} + \left(\frac{E_2}{\eta_1} + \frac{E_3}{\eta_2}\right) \cdot \dot{\varepsilon} + \frac{E_2 \cdot E_3}{\eta_1 \cdot \eta_2} \cdot \varepsilon$$

$$= \frac{1}{E_1} \cdot \ddot{\sigma} + \left(\frac{E_2}{E_1 \cdot \eta_1} + \frac{\eta_1 + \eta_2}{\eta_1 \cdot \eta_2} + \frac{E_3}{E_1 \cdot \eta_2}\right) \cdot \dot{\sigma} + \left(\frac{E_1 \cdot E_2 + E_2 \cdot E_3 + E_1 \cdot E_3}{E_1 \cdot \eta_1 \cdot \eta_2}\right) \cdot$$

$$\sigma + \frac{n \cdot t^{n-1}}{\eta_3} \cdot \dot{\sigma} + \frac{n \cdot (n-1) \cdot t^{n-2} \cdot (\sigma - \sigma_S)}{\eta_3} + \left(\frac{E_2}{\eta_1} + \frac{E_3}{\eta_2}\right) \cdot$$

$$\frac{n \cdot t^{n-1} \cdot (\sigma - \sigma_S)}{\eta_3} + \frac{E_2 \cdot E_3}{\eta_1 \cdot \eta_2} \cdot \int \frac{n \cdot t^{n-1} \cdot (\sigma - \sigma_S)}{\eta_3} \mathrm{d}t \tag{8-15}$$

8.1.4　岩石流变复合模型

邓荣贵、周德培等认为目前的岩石蠕变本构模型研究领域主要局限于以下三个方面，即：

（1）针对具体岩石的蠕变试验结果，利用理想牛顿流体的粘滞模型（线性阻尼器）、胡克弹性模型和圣维南刚塑性模型为基本元件，采用不同方式构成复合流变力学模型进行理论分析，探讨具体岩石的流变特性；

（2）根据岩石蠕变试验资料，采用拟合与回归方法建立岩石半经验性流变模型；

（3）将传统流变模型或利用上述两种途径建立的岩石流变模型，应用于岩体工程结构力学分析或地质现象的研究。

目前研究未能突破将岩石视为理想牛顿流体的限制，不能描述加速蠕变阶段特性；岩石的统计模型虽然在一定程度上能够描述岩石的加速蠕变，但普遍性受到一定的限制；很多工程岩体，在流变破坏前都有加速蠕变过程等。因此，作者引入了一种非线性粘滞元件，如图 8-5 所示。

该种阻尼器受到的应力与其蠕变加速度成正比，即：

$$\sigma = \eta_d \cdot \ddot{\varepsilon} \tag{8-16}$$

式中　η_d——粘滞系数。

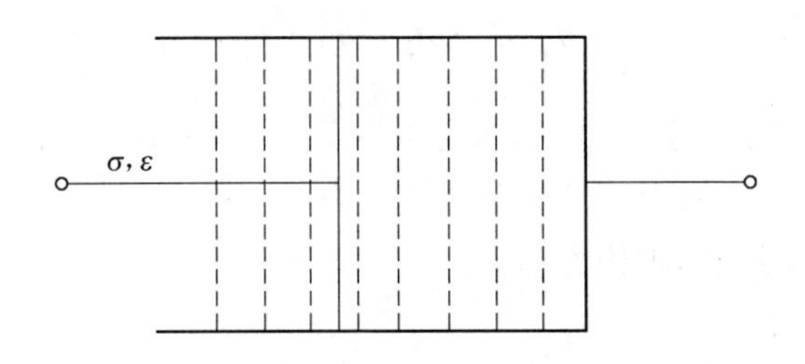

图 8-5 非线性粘滞阻尼器

由上式可得：

$$
\begin{aligned}
\dot{\varepsilon} &= \int \sigma(t)\,\mathrm{d}t \\
\varepsilon &= \int\left[\int \sigma(t)\,\mathrm{d}t\right]\mathrm{d}t
\end{aligned}
\tag{8-17}
$$

由上述三式可知，只要 $\sigma(t)$ 确定，相应的应变速率和应变就能确定。

基于上述元件模型，提出了如图 8-6 所示的岩石流变复合模型。

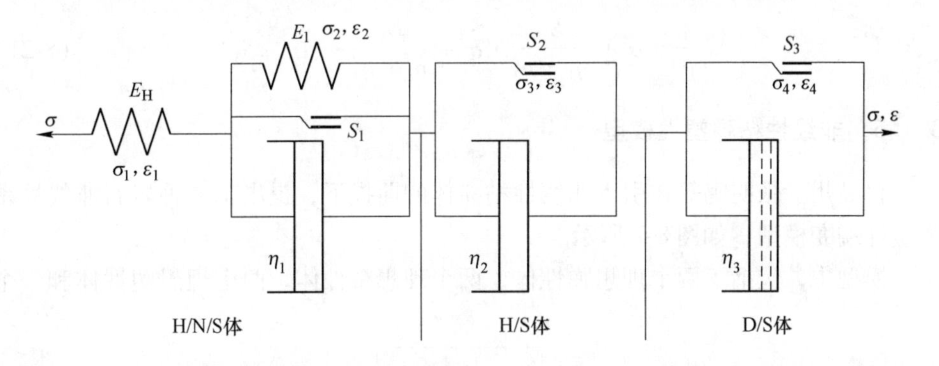

图 8-6 岩石流变复合模型

上述模型中，H 模拟岩石弹性，H/N/S 模拟岩石的粘弹塑性，N/S 和 D/S 模拟岩石的粘刚塑性，且 N/S 模拟岩石粘刚塑性的等速蠕变变形，D/S 模拟岩石粘刚塑性的加速蠕变变形。

由模型间串、并联关系及法则，可得：

$$
\begin{cases}
\sigma = \sigma_1 = \sigma_2 = \sigma_3 = \sigma_4 \\
\varepsilon = \varepsilon_1 + \varepsilon_2 + \varepsilon_3 + \varepsilon_4
\end{cases}
\tag{8-18}
$$

式中：

$$\varepsilon_1 = \frac{1}{E_H} \cdot \sigma,\ E_1 \cdot \varepsilon_2 + \eta_1 \cdot \varepsilon_2 + S_1 = \sigma_2$$
$$\eta_2 \cdot \ddot{\varepsilon}_3 + S_2 = \sigma_3,\ \eta_3 \cdot \ddot{\varepsilon}_4 + S_3 = \sigma_4 \tag{8-19}$$

式中　$S_1 \sim S_3$——圣维南滑块的极限摩擦阻力。

设 $\sigma \geqslant S_3$，则模型的本构方程为：

$$\dddot{\varepsilon} + \frac{E_1}{\eta_1} \cdot \ddot{\varepsilon}$$
$$= \frac{1}{E_H} \cdot \dddot{\sigma} + \frac{1}{\eta_2} \cdot (\ddot{\sigma} - \ddot{S}_2) + \frac{E_1}{\eta_1 \cdot E_H} \cdot \ddot{\sigma} + \frac{1}{\eta_1} \cdot (\ddot{\sigma} - \ddot{S}_1) +$$
$$\frac{1}{\eta_3} \cdot (\dot{\sigma} - \dot{S}_3) + \frac{E_1}{\eta_1 \cdot \eta_2} \cdot (\dot{\sigma} - \dot{S}_2) + \frac{E_1}{\eta_1 \cdot \eta_3} \cdot (\sigma - S_2) \tag{8-20}$$

若模型中圣维南体的极限摩擦阻力 $S_1 \sim S_3$ 为常数，则上式可变化为：

$$\dddot{\varepsilon} + \frac{E_1}{\eta_1} \cdot \ddot{\varepsilon}$$
$$= \frac{1}{E_H} \cdot \dddot{\sigma} + \frac{1}{\eta_2} \cdot \ddot{\sigma} + \frac{E_1}{\eta_1 \cdot E_H} \cdot \ddot{\sigma} + \frac{1}{\eta_1} \cdot \ddot{\sigma} +$$
$$\frac{1}{\eta_3} \cdot \dot{\sigma} + \frac{E_1}{\eta_1 \cdot \eta_2} \cdot \dot{\sigma} + \frac{E_1}{\eta_1 \cdot \eta_3} \cdot (\sigma - S_3) \tag{8-21}$$

8.1.5　非线性粘弹塑性模型

蒋昱州、张明鸣等在引入非线性粘滞体的前提下，提出了一种岩石非线性粘弹塑性蠕变模型，如图 8-7 所示。

模型中，包括了两个理想弹性体、两个理想粘性体、两个理想塑性体和一个

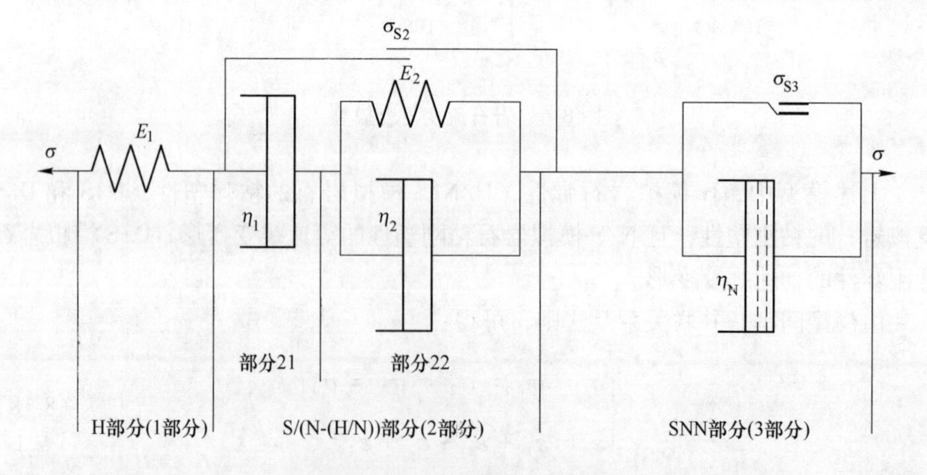

图 8-7　岩石非线性粘弹塑性模型

非线性粘滞性体。经组合后，H 部分（1 部分）模拟岩石的线弹性、S/(N－(H/N))模拟岩石的粘弹塑性、SNN 模拟岩石的粘塑性及岩石加速蠕变。

当模型中只有 1、2 部分参与蠕变且 2 中塑性模型的 $\sigma_{S2}=0$ 时，模型蜕变为伯格斯体；当模型中 1、2、3 部分均参与蠕变，且部分 2 中塑性模型的 $\sigma_{S2}=0$、$\eta_1=\infty$，3 部分中粘性模型的 $\eta_N=\text{const}$ 时，该模型蜕变为西元正夫模型。

如果应力满足条件：$0<\sigma<\sigma_{S2}<\sigma_{S3}$，模型只有一部分起作用，处于弹性阶段，相应的状态方程为：

$$\sigma_1=E_1\cdot\varepsilon_1 \tag{8-22}$$

如果应力满足条件：$0<\sigma_{S2}<\sigma<\sigma_{S3}$，模型中 1、2 部分起作用，此时的状态方程为：

$$\begin{cases}\sigma_1=E_1\cdot\varepsilon_1\\ \sigma_2=\eta_1\cdot\dot{\varepsilon}_{21}+\sigma_{S2}\\ \sigma_2=E_2\cdot\varepsilon_{22}+\sigma_{S2}+\eta_2\cdot\dot{\varepsilon}_{22}\\ \sigma=\sigma_1=\sigma_2\\ \varepsilon=\varepsilon_1+\varepsilon_{21}+\varepsilon_{22}\end{cases} \tag{8-23}$$

式（8-23）中消去下标获得系统总的应力、应变本构方程为：

$$\begin{aligned}&\eta_1\cdot\eta_2\cdot\ddot{\sigma}+(E_1\cdot\eta_1+E_2\cdot\eta_1+E_1\cdot\eta_2)\cdot\dot{\sigma}+E_1\cdot E_2\cdot\sigma\\ &=E_1\cdot\eta_1\cdot\eta_2\cdot\ddot{\varepsilon}+E_1\cdot E_2\cdot\eta_1\cdot\dot{\varepsilon}+E_1\cdot E_2\cdot\sigma_{S2}\end{aligned} \tag{8-24}$$

如果应力满足条件：$0<\sigma_{S2}<\sigma_{S3}<\sigma$，模型中 1、2、3 部分起作用，此时的状态方程为：

$$\begin{cases}\sigma_1=E_1\cdot\varepsilon_1\\ \sigma_2=\eta_1\cdot\dot{\varepsilon}_{21}+\sigma_{S2}\\ \sigma_2=E_2\cdot\varepsilon_{22}+\sigma_{S2}+\eta_2\cdot\dot{\varepsilon}_{22}\\ \sigma_3=A\cdot\ddot{\varepsilon}^{\frac{1}{B\cdot t+C}}+\sigma_{S3}\\ \sigma=\sigma_1=\sigma_2=\sigma_3\\ \varepsilon=\varepsilon_1+\varepsilon_{21}+\varepsilon_{22}+\varepsilon_3\end{cases} \tag{8-25}$$

消去方程的下标获得系统总的应力、应变本构方程为：

$$E_1\cdot\eta_1\cdot\eta_2\cdot\dddot{\varepsilon}+E_1\cdot\eta_1\cdot E_2\cdot\ddot{\varepsilon}$$

$$=\eta_1\cdot\eta_2\cdot\dddot{\sigma}+(E_1\cdot\eta_1+E_2\cdot\eta_1+E_1\cdot\eta_2)\cdot\ddot{\sigma}+E_1\cdot E_2\cdot\dot{\sigma}+E_1\cdot E_2\cdot\eta_1\cdot$$

$$\left(\frac{\sigma-\sigma_{S3}}{A}\right)^{B\cdot t+C}+E_1\cdot\eta_2\cdot\eta_1\cdot\left(\frac{\sigma-\sigma_{S3}}{A}\right)^{B\cdot t+C}\cdot$$

$$\left[B\cdot\ln\left(\frac{\sigma-\sigma_{S3}}{A}\right)+(B\cdot t+C)\cdot\frac{\dot{\sigma}}{\sigma-\sigma_{S3}}\right] \tag{8-26}$$

式中 $\sigma_1\sim\sigma_3$——1、2、3 部分的应力；

$\varepsilon_1\sim\varepsilon_3$——1、21、22、3 部分的应变；

E_1，E_2，η_1，η_2——1、2 部分的材料弹性、粘性参数；

σ_{S2}，σ_{S3}——2、3 部分的材料塑性体发生塑性变形的极限应力。

8.2 边坡体滑移力学模型

边坡体内部存在一潜在滑移面，该滑移面将边坡体分为上部的滑动体和下部的稳定体，则滑动体和稳定体之间的潜在滑移面成为由稳定到不稳定的过渡区。在上覆岩层的自重载荷作用下，潜在滑移面内单元受到限制性剪切蠕变力学环境的作用。由于边坡体内物质结构的复杂性，潜在滑移面也表现出高度的非均质特征，各个单元既发生相互作用、构成共同体，又各自具有独立性、表现出相异的特性。因此，边坡潜在滑移面可认为是相互作用的离散化单元，如图 8-8 所示。

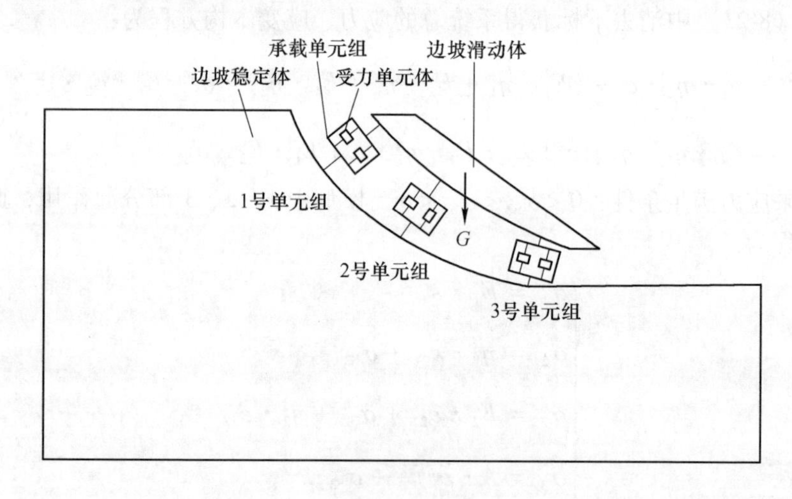

图 8-8 边坡滑移面单元分析图

边坡体是具有复杂性质的时效动态综合体，具有弹性、粘性、塑性以及多相耦合特性等性质，以上述分析为基础，提出 5 项构建边坡体滑移力学模型的假设条件：（1）根据边坡体岩层的不同，将潜在滑移面划分成不同的单元组，根据每个岩层的厚度、岩性等性质，每个单元组包含有不同的单元体；（2）所有单元组构成一个共同体，承载上覆岩层的自重载荷；（3）依据岩层的宏观物理力学特性，给各单元组分配载荷；（4）根据各单元体细观平均统计的变形特性和强度特性，给各个单元分配合理的载荷；（5）单元集具有非均质特性，其整体的物理力学性质服从 Monte-Carlo 型随机 Weibull 分布，各单元按照分布概率被赋予物理力学参数。

根据上述 5 项假设条件，对边坡模型进行简化，如图 8-9 所示。图 8-9 中，滑动体长方体代表边坡滑动体，稳定体长方体代表边坡稳定体；两者之间由岩层单元组构成单元组序列$\{SG_i \mid i=1,2,\cdots,i'\}$表示岩层；单元组中由岩石单元构成单元序列$\{U_j \mid j=1,2,\cdots,j'\}$表示岩层中岩石；滑动体上面的曲线表示上覆岩层自重构造的剪切应力函数曲线，其方程为$\tau=f(i,j,g)$，式中 i 表示单元组编号，j 表示单元编号，g 表示岩性。

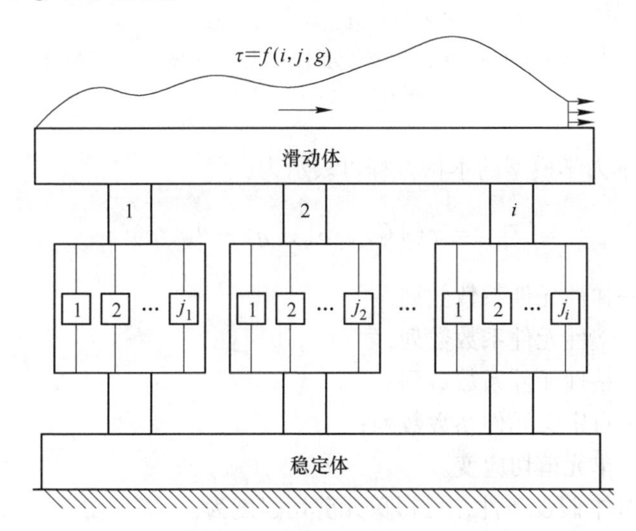

图 8-9 边坡简化模型示意图

由边坡模型单元结构以及 5 项基本假设条件，可知边坡、单元组、单元剪切应力之间的关系为：

$$\begin{cases} \tau = f(i,j,g) = \tau_1 + \tau_2 + \cdots + \tau_i \\ \tau_i = \tau_{i,1} + \tau_{i,2} + \cdots + \tau_{i,j} \\ \tau_{i,j} = f(x,y,z,g) \end{cases} \tag{8-27}$$

式中 τ——边坡潜在滑移面剪切应力；

τ_i——i 号岩层剪切应力；

$\tau_{i,j}$——（i，j）单元剪切应力；

x，y，z——（i，j）单元位置坐标；

g——（i，j）单元岩性。

单元为边坡模型的基本组成单位，其变形特性和力学性质对边坡模型整体的力学性质起到决定性的作用。根据上述边坡模型构成，对单元模型进行进一步的阐述。单元代表岩体，也容纳岩体的各项力学性质，而岩体是具有弹性、粘性、塑性等复杂性质材料，因此其基本模型如图 8-10 所示。

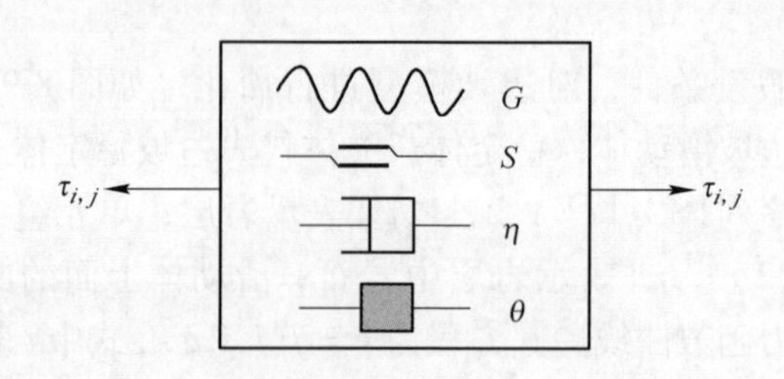

图 8-10 单元基本力学模型

G—弹性元件系数集；S—塑性元件系数集；η—粘性元件系数集；θ—自定义元件系数集

则单元基本力学模型的本构方程可表示为：

$$\tau_{i,j} = \varphi(\{G\},\{S\},\{\eta\},\{\theta\},\varepsilon) \tag{8-28}$$

式中 $\{G\}$——弹性元件系数数列；

$\{S\}$——塑性元件系数数列；

$\{\eta\}$——粘性元件系数数列；

$\{\theta\}$——自定义元件系数数列；

ε——单元剪切应变。

依据 5 项基本假设条件，可得单元剪切强度为：

$$\tau_p = \text{Weibull}^{-1}(\tau_0, m, R_{MC}) \tag{8-29}$$

式中 τ_p——单元剪切强度；

$\text{Weibull}^{-1}(\ )$——Weibull 累积分布反函数；

τ_0——单元细观平均剪切强度；

m——岩层均质度；

R_{MC}——Monte-Carlo 随机数。

8.3 渐进破坏塑性元件模型

岩石材料具有粘弹塑性共存的复杂特性，完整的岩石蠕变曲线由衰减蠕变阶段、稳定蠕变阶段和加速蠕变阶段三部分组成。

由砂岩的限制性剪切蠕变试验结果可知，岩石材料限制性剪切蠕变过程体现出以下两点特性：

（1）渐进破坏特性。在限制性剪切蠕变过程中，当剪应力超过一定限值时，随着剪切载荷持续时间的增加，试件内部结构发生渐进性的变化，表现为试件表面裂纹渐进扩展和试件的渐进破坏。

（2）最大允许蠕变应变量。岩石在剪切蠕变发生失稳破坏时，其最大蠕变应变量相差甚小，可认为岩石的蠕变应变量存在某个临界值，当试件变形达到此临界值时，即发生破坏。这一蠕变特性与最大线应变理论相符合，可认为是岩石限制性剪切蠕变的失稳破坏机制。

基于上述第一点特性和限制性剪切蠕变中试样表现出的力学特性，提出了一种新的可反映岩石内部在限制性剪切蠕变过程中表现出的渐进式破坏特性的塑性元件模型（Progressive Failure Plastic Body），简称 PFY 模型，如图 8-11 所示。

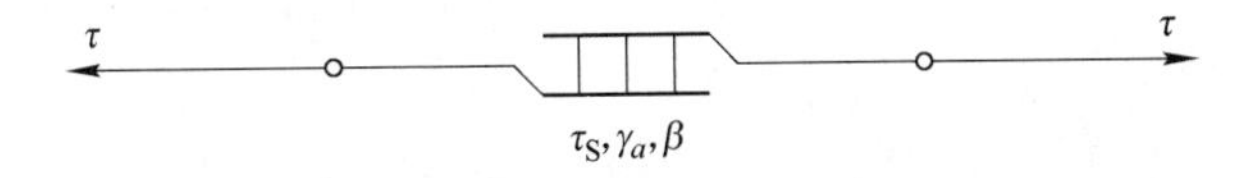

图 8-11 新塑性元件模型（PFY）

由限制性剪切蠕变试验可知，当剪切应力低于临界值时，剪切蠕变只表现出瞬时应变、衰减蠕变；当剪切应力高于临界值时，剪切蠕变表现出加速蠕变，说明在剪切应力达到一定值时，试件内部发生结构性破坏，承压能力降低。

因此，定义 PFY 模型的屈服极限是模型切向应变的线性函数，当模型切向应变达到某临界值时，模型屈服极限随应变的增大而减小，承载力降低，这与岩石加速剪切蠕变机制相吻合，表现出典型的渐进式破坏特性。

定义 PFY 模型的本构关系为：

$$
\begin{cases}
\gamma = 0 & \tau < \tau_{S0} \\
\gamma \to \infty & \tau \geqslant \tau_{S0} \\
\tau_S = \tau_{S0} & \gamma < \gamma_a \\
\tau_S = \tau_{S0} - \beta(\gamma - \gamma_a) & \gamma_a \leqslant \gamma < \dfrac{\tau_{S0}}{\beta} + \gamma_a \\
\tau_S = 0 & \gamma \geqslant \dfrac{\tau_{S0}}{\beta} + \gamma_a
\end{cases}
\tag{8-30}
$$

式中 γ ——PFY 模型切向应变；

τ ——PFY 模型剪切应力；

τ_S ——塑性屈服应力；

τ_{S0} ——初始塑性屈服应力；

β——渐进性破坏系数；

γ_a——PFY 模型开始渐进破坏时的切向应变，即加速点应变。

8.4 变参数限制性剪切蠕变模型

依据限制性剪切蠕变两点特性和最大线应变理论，结合 PFY 模型，建立了可反映岩石内部渐进破坏特性和蠕变失稳机制的变参数限制性剪切蠕变模型，如图 8-12 所示。

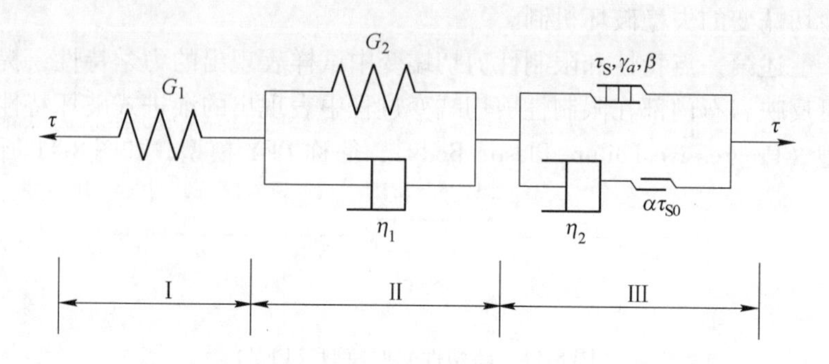

图 8-12 变参数剪切蠕变模型

模型的限制性剪切蠕变特性通过各部分的参数变化体现出来：

（1）单体Ⅰ为理想弹性元件，表征岩石限制性剪切蠕变产生的瞬时线弹性应变，描述岩石弹性性质。

（2）组合体Ⅱ为开尔文体，表征岩石限制性剪切蠕变的衰减蠕变阶段，产生非线性弹性变形，表述岩石粘弹性性质。

（3）组合体Ⅲ为 PFY 模型和粘塑性体并联，表征岩石蠕变的稳定蠕变阶段、加速蠕变阶段以及失稳破坏，发生不可逆塑性变形，描述岩石的粘塑性性质。通过将 PFY 模型和粘塑性体并联，当剪应力大于 PFY 屈服极限时，随着切向应变的增加，PFY 模型屈服极限减小，与之并联的塑性体承载的应力增加，加大蠕变速率，当模型应变达到最大蠕变应变量时，塑性体两端应力超过其屈服极限，模型应变趋于无限大，即试件最大蠕变应变量破坏；当剪切应力大于模型可承载最大值，即 PFY 模型和塑性体屈服极限的总和时，模型应变瞬时趋于无限大，即试件瞬时破坏。因此，组合体Ⅲ可反映岩石内部渐进破坏特性和岩石的两种破坏机制（最大蠕变应变量破坏和瞬时破坏）。

蠕变模型中，τ 为总剪切应力，γ 为总剪切应变，τ_1、τ_2、τ_3 分别为模型Ⅰ、Ⅱ、Ⅲ部分的剪切应力，γ_1、γ_2、γ_3 分别为模型Ⅰ、Ⅱ、Ⅲ部分的剪切应变，G_1 为瞬弹性剪切模量，G_2 为粘弹性剪切模量，η_1、η_2 为粘性系数，τ_{S0}、β、γ_a 为 PFY 模型参

数，α 为塑性体屈服应力参数（$\alpha<1$），γ_{max} 为岩石最大允许蠕变应变量。

当 $\tau < \tau_{S0}$ 时，该模型退化为广义开尔文体，其本构方程为：

$$\frac{\eta_1}{G_1}\dot{\tau} + \left(1 + \frac{G_2}{G_1}\right)\tau = \eta_1\dot{\gamma} + G_2\gamma \tag{8-31}$$

蠕变方程为：

$$\gamma(t) = \frac{\tau_0}{G_1} + \frac{\tau_0}{G_2}\left(1 - e^{-\frac{G_2}{\eta_1}t}\right) \tag{8-32}$$

当 $\tau_{S0} \leqslant \tau < (1+\alpha)\tau_{S0}$，$\gamma_3 < \gamma_a$ 时，该模型退化为西原模型，其本构方程为：

$$\ddot{\tau} + \left(\frac{G_2}{\eta_1} + \frac{G_2}{\eta_2} + \frac{G_1}{\eta_1}\right)\dot{\tau} + \frac{G_1 G_2}{\eta_1\eta_2}(\tau - \tau_{S0}) = G_2\ddot{\gamma} + \frac{G_1 G_2}{\eta_1}\dot{\gamma} \tag{8-33}$$

蠕变方程为：

$$\gamma(t) = \frac{\tau_0}{G_1} + \frac{\tau_0}{G_2}\left(1 - e^{-\frac{G_2}{\eta_1}t}\right) + \frac{\tau_0 - \tau_{S0}}{\eta_2}t \tag{8-34}$$

当 $\tau_{S0} \leqslant \tau < (1+\alpha)\tau_{S0}$、$\gamma_3 \geqslant \gamma_a$、$\gamma < \gamma_{max}$ 时，岩石的限制性剪切蠕变进入第三阶段，试件内部发生渐进式破坏，蠕变速率增加。此阶段，模型的本构关系为：

$$\begin{cases} \tau_1 = G_1\gamma_1 \\ \tau_2 = G_2\gamma_2 + \eta_1\dot{\gamma}_2 \\ \tau_3 = \tau_{S0} - \beta(\gamma_3 - \gamma_a) + \eta_2\dot{\gamma}_3 \\ \tau = \tau_1 = \tau_2 = \tau_3 \\ \gamma = \gamma_1 + \gamma_2 + \gamma_3 \end{cases} \tag{8-35}$$

令初始剪切应力 $\tau = \tau_0$，解式（8-35）中方程可得，

$$\begin{cases} \gamma_1 = \dfrac{\tau_0}{G_1} \\ \gamma_2 = \dfrac{\tau_0}{G_2}\left(1 - e^{-\frac{G_2}{\eta_1}t}\right) \\ \gamma_3 = \dfrac{\tau_0 - \tau_{S0}}{\beta}\left(e^{\frac{\beta}{\eta_2}t - \frac{\beta\gamma_a}{\tau_0 - \tau_{S0}}} - 1\right) + \gamma_a \\ \gamma = \gamma_1 + \gamma_2 + \gamma_3 \end{cases} \tag{8-36}$$

联立式（8-36）中方程，可得模型蠕变方程为：

$$\gamma(t) = \frac{\tau_0}{G_1} + \frac{\tau_0}{G_2}\left(1 - e^{-\frac{G_2}{\eta_1}t}\right) + \frac{\tau_0 - \tau_{S0}}{\beta}\left(e^{\frac{\beta}{\eta_2}t - \frac{\beta\gamma_a}{\tau_0 - \tau_{S0}}} - 1\right) + \gamma_a \tag{8-37}$$

当 $\tau_{S0} \leqslant \tau < (1+\alpha)\tau_{S0}$、$\gamma = \gamma_{max}$ 时，岩石应变达到最大蠕变应变量，组合体Ⅲ中塑性体两端应力超过其屈服极限，试件发生最大蠕变应变量破坏。

当 $\tau \geqslant (1+\alpha)\tau_{S0}$ 时，岩石试件所受剪切应力达到其瞬时抗剪切强度，发生瞬时破坏。

该模型本构关系为五段函数，分别代表岩石限制性剪切蠕变的衰减阶段、稳定阶段、加速阶段、蠕变破坏和瞬时破坏，能够描述岩石内部渐进破坏特性和岩石的两种破坏机制（最大蠕变应变量破坏和瞬时破坏），可为预测岩石剪切蠕变破坏的时间提供参考依据。

8.5 模型参数的确定

如图 8-12 所示，模型参数包含 G_1、G_2、η_1、η_2、τ_{S0}、α 和 PFY 模型的 γ_a、β，其中，τ_{S0}、α 为岩石材料的强度参数，可由材料常规试验确定。

假设在恒定的剪切应力 τ_0 作用下，初期蠕变曲线参数满足式（8-37），则当 $t=0$ 时，曲线在纵轴上的截距为瞬时切向应变 γ_i，即

$$\gamma_i = \frac{\tau_0}{G_1} \tag{8-38}$$

当 t 足够大时，应变速率为常数，蠕变曲线近似为直线，即为稳定蠕变曲线的渐进线 L_{SC}，此直线的方程为：

$$\gamma_{L_{SC}}(t) = \frac{\tau_0}{G_1} + \frac{\tau_0}{G_2} + \frac{\tau_0 - \tau_{S0}}{\eta_2}t \tag{8-39}$$

渐进线 L_{SC} 在纵轴上的截距为 γ_{SC}，即

$$\gamma_{SC} = \frac{\tau_0}{G_1} + \frac{\tau_0}{G_2} \tag{8-40}$$

渐进线 L_{SC} 的斜率为 k_{SC}，即

$$k_{SC} = \frac{\tau_0 - \tau_{S0}}{\eta_2} \tag{8-41}$$

由式（8-41）可以确定参数 η_2。

在试验时，剪切载荷无法实现瞬时施加，无法直接得到瞬时应变 γ_i，一般采用下述方法求得。

令 $q(t)$ 为蠕变试验曲线与渐进线 L_{SC} 在同一时刻切向应变差函数，即：

$$q(t) = \frac{\tau_0}{G_2}e^{-\frac{G_2}{\eta_1}t} \tag{8-42}$$

对式（8-42）两边取对数，得：

$$\ln(q) = \ln\left(\frac{\tau_0}{G_2}\right) - \frac{G_2}{\eta_1}t \tag{8-43}$$

由式（8-43）可知，$\ln(q)$ 与时间 t 的关系为一直线，该直线在纵轴上的截距为 γ_q，斜率为 k_q，即：

$$\gamma_q = \ln\left(\frac{\tau_0}{G_2}\right) \tag{8-44}$$

$$k_q = -\frac{G_2}{\eta_1} \tag{8-45}$$

由式（8-44）和式（8-45）可确定参数 η_1 和 G_2。再由 G_2 和式（8-40）可确定参数 G_1。在稳定蠕变阶段，由模型的本构方程，可得出组合体Ⅲ的蠕变方程为：

$$\gamma_3(t) = \frac{\tau_0 - \tau_{S0}}{\eta_2}t \tag{8-46}$$

令进入加速蠕变阶段的时间为 t_a，当 $t = t_a$ 时，由式（8-46）可得：

$$\gamma_a = \gamma_3 = \frac{\tau_0 - \tau_{S0}}{\eta_2}t_a \tag{8-47}$$

蠕变试验曲线与渐进线 L_{SC} 的交点为（t_a，γ_{ta}），再由式（8-47）可确定参数 γ_a。

当 t 足够大时，$e^{\frac{G_2}{\eta_1}t} \to 0$，可得加速蠕变阶段的应变增加量 γ_Δ 为：

$$\gamma_\Delta(t) = \frac{\tau_0 - \tau_{S0}}{\beta}\left(e^{\frac{\beta}{\eta_2}t - \frac{\beta\gamma_a}{\tau_0 - \tau_{S0}}} - 1\right) \tag{8-48}$$

对式（8-48）两边求导，可得：

$$\dot{\gamma}_\Delta = \frac{\tau_0 - \tau_{S0}}{\eta_2}e^{\frac{\beta}{\eta_2}t - \frac{\beta\gamma_a}{\tau_0 - \tau_{S0}}} \tag{8-49}$$

对式（8-49）两边取对数，得：

$$\ln(\dot{\gamma}_\Delta) = \frac{\beta}{\eta_2}t - \frac{\beta\gamma_a}{\tau_0 - \tau_{S0}} + \ln\left(\frac{\tau_0 - \tau_{S0}}{\eta_2}\right) \tag{8-50}$$

由式（8-50）可知 $\ln(\dot{\gamma}_\Delta)$ 与时间 t 为直线关系，其斜率为 k_Δ，即：

$$k_\Delta = \frac{\beta}{\eta_2} \tag{8-51}$$

由式（8-51）可确定参数 β。

由式（8-48）可知，当试件破坏时有：

$$\gamma_{max} = \gamma_{ta} + \frac{\tau_0 - \tau_{S0}}{\beta}\left[e^{\frac{\beta}{\eta_2}(t_f - t_a)} - 1\right] \tag{8-52}$$

式中 t_f ——试件破坏时的时间。

由式（8-52）可计算试件破坏时的时间。

按上述方法和步骤可对变参数蠕变模型进行拟合，得到各级剪切应力下岩石试样的剪切蠕变参数。

8.6 限制性剪切蠕变模型的试验验证

利用 SC-1 试件和 SC-2 试件在限制性剪切蠕变试验中所得的试验数据，对限制性剪切蠕变模型进行拟合。由试验数据可知，第一级、第二级、第三级应力水平小于屈服应力，按照广义开尔文模型来拟合；在第四级应力水平下，试件发生破坏，按照上述方法对其参数求解。计算过程见表 8-2，表 8-3 给出了各级剪切应力水平下蠕变模型参数值。

表 8-2 砂岩限制性剪切蠕变参数计算

试 件	τ_0/MPa	τ_{S0}/MPa	k_{SC}/h^{-1}	γ_{SC}/10^{-4}	k_q/h^{-1}	γ_q/10^{-4}	t_a/h	k_Δ/h^{-1}
SC-1	17.23	32	0	69.6	-5.042	4.088	—	—
	22.97	32	0	89.49	-3.009	4.243	—	—
	28.71	32	0	110.2	-2.541	4.435	—	—
	34.46	32	0.828	123.0	-2.049	4.043	18.01	2.397
SC-2	17.23	32	0	53.8	-5.826	3.628	—	—
	22.97	32	0	79.1	-3.789	4.174	—	—
	28.71	32	0	124.3	-2.346	4.707	—	—
	34.46	32	1.955	142.3	-1.517	4.568	10.95	1.728

表 8-3 砂岩限制性剪切蠕变模型参数

试 件	G_1/MPa	G_2/MPa	η_1/10GPa · h	η_2/10GPa · h	γ_a/10^{-4}	β
SC-1	1.727	0.289	0.057	—	—	—
	1.156	0.330	0.110	—	—	—
	1.113	0.340	0.134	—	—	—
	0.522	0.605	0.295	2.971	14.91	7.122
SC-2	1.066	0.458	0.079	—	—	—
	1.626	0.354	0.093	—	—	—
	2.119	0.259	0.111	—	—	—
	0.750	0.358	0.236	1.258	21.41	2.174

图 8-13 为剪切蠕变模型理论值与试验实测值的对比图，由对比图可知，该模型拟合效果良好。

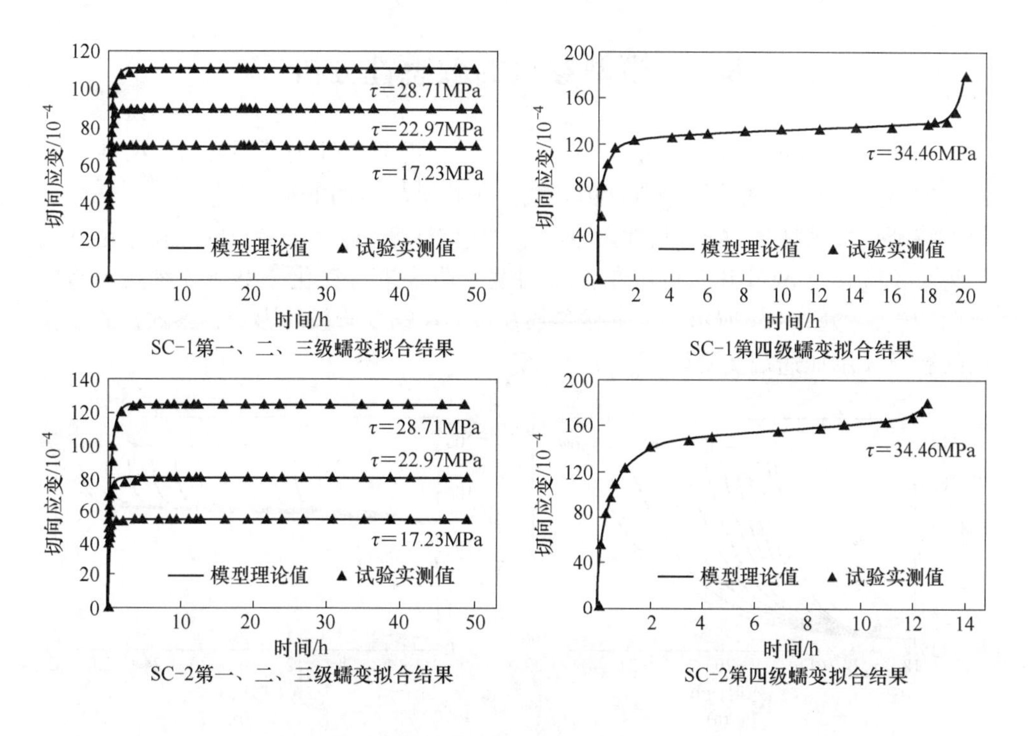

图 8-13 限制性剪切蠕变理论曲线与试验曲线

该蠕变模型的力学特性满足最大线应变理论，由 PFY 模型和塑性元件的共同作用，实现了模拟岩石材料的限制性剪切蠕变失稳机制，在应力级水平确定的情况下，可以理论计算求得岩体蠕变失稳破坏时间。

由式（8-53）可确定岩石蠕变失稳破坏的时间 t_f，即：

$$t_f = t_a + \frac{\eta_2}{\beta}\ln\left[1 + \frac{(\gamma_{max} - \gamma_{ta})\beta}{\tau_0 - \tau_{S0}}\right] \tag{8-53}$$

SC-1 试件和 SC-2 试件的理论破坏时间 t_{f1}、t_{f2} 计算可得：

$$t_{f1} = 20.023\text{h};\quad t_{f2} = 12.489\text{h} \tag{8-54}$$

SC-1 试件和 SC-2 试件蠕变失稳破坏时间的试验值分别为：

$$t_{fc1} = 20\text{h};\quad t_{fc2} = 12.5\text{h} \tag{8-55}$$

由式（8-54）、式（8-55）可得，岩石蠕变破坏时间理论值与试验值的误差 δ 分别为 0.11% 和 0.08%。式（8-56）表明模型在岩石蠕变失稳破坏时间估测方面的合理性。

$$\delta_{kc\text{-}1} = \frac{t_{f1} - t_{fc1}}{t_{fc1}} = 0.11\%;\quad \delta_{kc\text{-}2} = \frac{t_{f2} - t_{fc2}}{t_{fc2}} = 0.08\% \tag{8-56}$$

8.7 模型参数的敏感性分析

以 SC-1 试件的模型拟合值为基准参数，分析渐进性破坏系数 β、粘性系数 η_2、加速点应变 γ_a 对岩石限制性剪切蠕变失稳破坏时间的敏感性。

将渐进性破坏系数 β、粘性系数 η_2、加速点应变 γ_a 三个参数的变化率范围设定为 ±50%，对 SC-1 试件的限制性剪切蠕变曲线进行演化，得到各参数下的蠕变曲线簇，如图 8-14 所示，为突显参数 β 对加速蠕变阶段的影响，参数 β 的蠕变曲线簇只显示加速蠕变阶段。

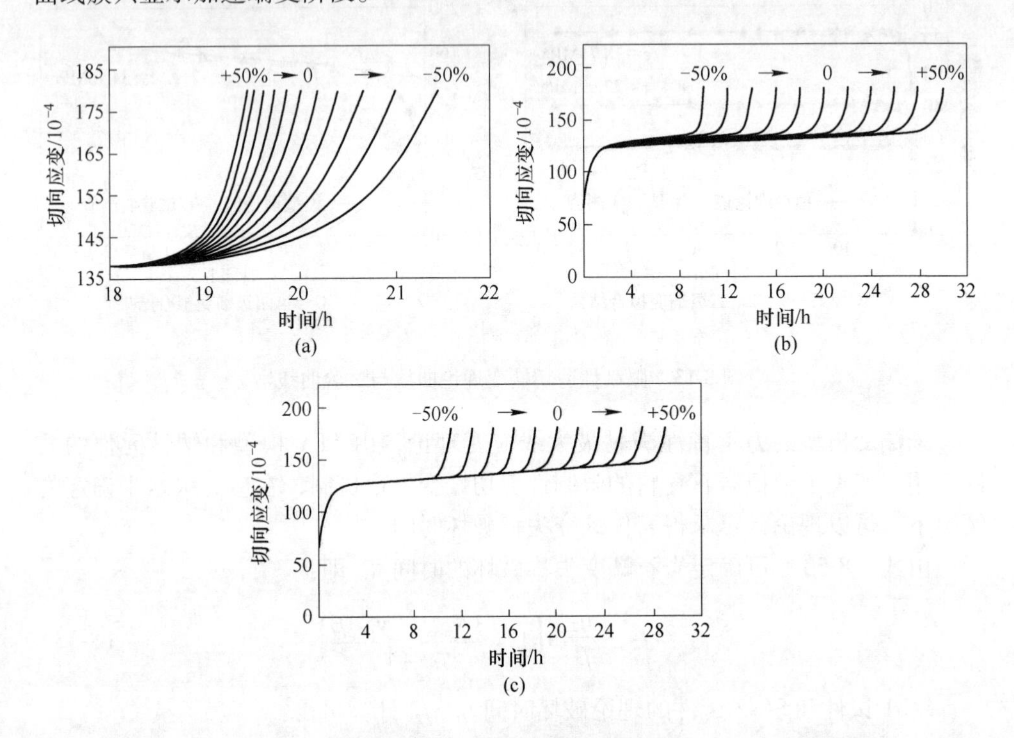

图 8-14 三个参数的蠕变曲线簇

（a）参数 β 的加速蠕变曲线簇；（b）参数 η_2 的蠕变曲线簇；（c）参数 γ_a 的蠕变曲线簇

8.7.1 三参数对限制性剪切蠕变的影响

由图 8-14（a）可知，随着渐进性破坏系数 β 逐渐减小，蠕变失稳破坏时间逐渐增大，等幅度的 β 变化率从 +50% 到 -50%，破坏时间的变化率越来越大，因此，参数 β 与蠕变失稳破坏时间呈非线性负相关性。参数 β 只对蠕变加速阶段产生影响，对衰减蠕变和稳定蠕变没有影响。

由图8-14（b）可知，随着粘性系数 η_2 逐渐增大，蠕变失稳破坏时间也逐渐增加，且变化幅度相等，因此，参数 η_2 与破坏时间呈线性正相关性。参数 η_2 对限制性剪切蠕变的影响体现在稳定蠕变和加速蠕变阶段，决定了稳定蠕变阶段的速率及稳定蠕变阶段的时间。

由图8-14（c）可知，随着加速点应变 γ_a 逐渐增大，蠕变失稳破坏时间也逐渐增加，变化幅度大致相同，因此，参数 η_2 与破坏时间呈近线性正相关性。参数 γ_a 对限制性剪切蠕变的影响主要体现在加速蠕变的起始时间，对加速蠕变起始点起着决定性作用。

8.7.2　参数敏感度分析

图8-15给出了各参数的敏感性分析曲线，表8-4给出了各参数的平均敏感度的计算结果。从图8-15和表8-4中可以看出，粘性系数 η_2 对蠕变失稳时间最为敏感，加速点应变 γ_a 次之，渐进性破坏系数 β 最不敏感，且粘性系数 η_2 和加速点应变 γ_a 的敏感性相近，均与渐进性破坏系数 β 相差较大。

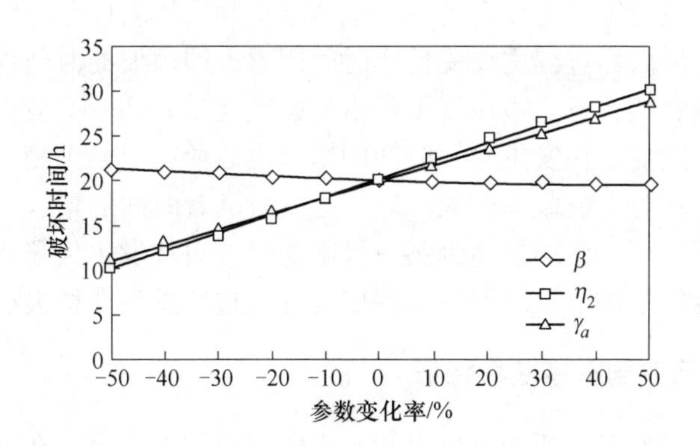

图8-15　三参数的敏感性分析曲线

表8-4　各参数对蠕变失稳时间的敏感度

参　数	β	η_2	γ_a
敏感度	0.088	1	0.892

8.8　边坡滑移机理分析

边坡滑移是边坡工程界的首要问题，边坡滑移机理的研究对边坡工程的实施、防治具有重要意义。本节在上述实验研究和分析的基础上对边坡滑移机理进行分析。

8.8.1 边坡内部岩体的渐进破坏

边坡内部岩体处于上覆岩土自重为主体载荷形成的复杂应力场中，边坡体从稳定到失稳滑移是一个内部渐进破坏的过程。边坡潜在滑移面上存有对边坡滑移演化起重要作用的关键单元。由岩石细观裂隙的扩展演化特征可知，关键单元岩体在复杂应力场作用下，内部萌生张拉和剪切微裂隙，损伤量不断积累，微裂隙不断扩展、成核和贯通，致使关键单元岩体强度下降，最终发生破坏。

关键单元的破坏加速了边坡破裂点沿潜在滑移面向边坡边界进一步发展的速度，随着边坡破裂点的增加，小型裂隙逐渐汇集、贯通，成为更加宏观的裂隙，又相应地增强了裂隙之间的相互作用，使得裂隙的张开度进一步增大，渐进形成宏观裂隙，从局部到整体不断发展，导致边坡失稳滑移。

8.8.2 时间的控制性

通常边坡处在特定的岩体力学环境条件下，在外界条件基本恒定的条件下，上覆载荷形成的应力场与边坡自身的构造、结构和岩体岩性分布特征都可以初始化，则边坡的变形破坏过程主要受控于时间因素，即边坡的时效性。在载荷恒定的条件下，即蠕变状态下，边坡变形量由初始应变量和蠕变应变量组成。若上覆载荷较小，蠕变应变量在发生较短时间的增长之后便趋于某个稳定值，在随后的时间内变化很小；若上覆载荷较大，蠕变应变量随着时间的增长而不断增加，在足够长时间的作用下，变形量达到某一极限值时，边坡发生失稳滑移。因此，外界条件基本恒定的条件下，时间因素将成为导致边坡发生滑移失稳的主导因素。

8.8.3 边坡的无序到有序破坏特征

由剪切破裂面形态特征的分析可知，岩体主破裂面均分布在剪切应力面两侧一定范围内，整体的破坏特征是有规律的、可预测的；然而，破裂面的局部形态特征具有很强的随机性，是无规律的、不可预测的。边坡在特定的环境作用下，其整体变形破坏呈似弧面，具有规律性，而由于边坡岩体的非均质性和分布不平衡性，不同物质材料间的差异造成了边坡内部的变形不协调，边坡局部的破坏具有很强的无序特征。

由上述分析可知，边坡变形破坏过程是一个“破坏—失衡—重分布—再平衡”的时效循环渐进破坏过程。随着循环的往复进行，边坡破坏区增大，破坏循环速度也相应地增加，待循环作用致使破坏区贯通整个边坡时，边坡发生失稳滑移。

8.9 本章小结

本章以开展的砂岩限制性剪切蠕变试验结果和获得的数据为依据，对砂岩的剪切蠕变破坏特性进行了理论分析，得出以下主要结论：

（1）构建了边坡滑移力学模型和组成单元的力学模型，并给出了单元力学模型的基本本构关系和强度函数。

（2）提出了一种表征岩石渐进式破坏特性的非线性塑性元件模型 PFY。

（3）依据限制性剪切蠕变两点特性和最大线应变理论，结合 PFY 模型，建立了可反映岩石内部渐进破坏特性和蠕变失稳机制的变参数限制性剪切蠕变模型，给出了该蠕变模型的本构方程和模型参数的求解方法，并验证了新模型在描述岩石限制性剪切蠕变特性方面的合理性。

（4）渐进性破坏系数 β、粘性系数 η_2、加速点应变 γ_a 对砂岩限制性剪切蠕变失稳破坏时间的敏感性分析结果表明：粘性系数 η_2 对蠕变失稳时间最为敏感，加速点应变 γ_a 次之，渐进性破坏系数 β 最不敏感，且粘性系数 η_2 和加速点应变 γ_a 的敏感性相近，均与渐进性破坏系数 β 相差较大。

（5）边坡变形破坏过程是一个内部岩体“破坏—失衡—重分布—再平衡”的由局部的无序破坏渐进发展为整体的有序破坏的时效循环过程。

9 结论与展望

9.1 内容及结论

针对露天矿岩质边坡，分析了边坡岩体力学特性的非线性和非均质性，运用并结合 Monte-Carlo 方法和 Weibull 统计分布，建立了非均质边坡模型，并以此为基础，系统地开展了不同均质度对边坡稳定性的影响、边坡潜在滑移面及其关键单元的识别和关键单元的动态性及其动态路径对边坡稳定性的影响作用的模拟研究。以边坡潜在滑移面关键单元的力学环境为依据，自行研制了剪切蠕变试验装置和三维移动自动测控细观试验装置，自行开发了煤岩表面微结构动态演化细观监测软件，并运用该试验设备和软件，系统地开展了边坡关键单元砂岩基本物理力学参数的测定、限制性剪切试验、超声波检测试验、限制性剪切蠕变试验、细观裂隙扩展演化试验，分析了试件在限制性剪切载荷和限制性剪切蠕变载荷下的力学特性、失稳破坏规律和细观破坏特性。运用分形理论，二次改进了立方体覆盖法，并运用二次改进法对砂岩剪切蠕变裂隙演化和破断面进行了分形特征的研究。在此基础上，运用岩石流变理论、岩石强度理论和岩石材料破坏机制，构建了边坡滑移力学模型，提出了一种表示岩石渐进式破坏特性的非线性塑性元件模型，并运用该塑性元件模型建立了可反映岩石渐进性破坏特性和蠕变失稳机制的蠕变模型，给出了模型五段式的本构方程和模型参数的求解方法。最后，探讨了边坡滑移机理。所得主要成果及结论如下：

(1) 运用 Monte-Carlo 方法和 Weibull 统计分布相结合的方法，能够较好地对 Flac 3D 模型进行非均质化。当均质度小于 10 时，Flac 3D 模型的非均质化程度较高；当均质度大于 10 时，Flac 3D 模型的非均质化程度较低，模型与均质模型较接近。

(2) 边坡潜在滑移面上存在关键单元，处于动态变化之中，运用去除单元反分析法，获得了关键单元的动态路径，大致为由潜在滑移面的底部转折处起始，随后向边坡坡脚处转移，最后转移向边坡中上部。

(3) 自行研制的剪切蠕变试验装置、三维移动自动测控细观试验装置以及自行开发的煤岩表面微结构动态演化细观监测软件，经试验验证，试验效果良好。

(4) 边坡关键单元岩体限制性剪切蠕变应力与蠕变稳定时间近似呈指数关系；最大允许剪切蠕变应变量是与岩性有关的特性值；在较低剪切应力下，剪切蠕变速率迅速衰减至近似零，在较高剪应力水平作用下，蠕变速率先减小、后稳定、再增大，且幂函数能够较好地对其曲线进行拟合。

（5）边坡关键单元岩体的细观裂隙扩展和宏观变形同步进行，裂纹扩展方向与剪切应力方向具有一定偏差，且出现多次分岔，分岔角度变化较大；试件裂纹多为绕过晶体边缘扩展，扩展路径的不规则性受到岩体晶体分布特征的影响；微裂隙之间的相互作用对裂隙的发展具有促进作用；岩体组成矿物之间变形不协调促进了裂隙的萌生和扩展；裂隙的萌生多在张拉和剪切共同作用下形成；随着剪切蠕变应力的增加，裂隙分形维数也逐渐增加；试件破断面的横向剖面分形维数普遍大于纵向剖面，破断面整体具有明显的分形特征。

（6）运用灰色 GM(1,1)模型对岩石剪切蠕变试验数据进行了预测研究，并将预测值与试验值进行了对比分析，认为预测所得值与试验值之间误差较小，可以用灰色 GM(1,1)模型对岩石剪切蠕变变形数据进行预测分析。

（7）运用试验数据，对模型参数进行了拟合取值，得到的理论曲线与试验曲线吻合较好，验证了新模型在描述岩石限制性剪切蠕变特性方面的合理性；对蠕变模型的失稳破坏时间进行的敏感性分析，结果表明：粘性系数 η_2 对蠕变失稳时间最为敏感，加速点应变 γ_a 次之，渐进性破坏系数 β 最不敏感，且粘性系数 η_2 和加速点应变 γ_a 的敏感性相近，均与渐进性破坏系数 β 相差较大。

（8）边坡变形破坏过程是一个内部岩体“破坏—失衡—重分布—再平衡”的由局部的无序破坏渐进发展为整体的有序破坏的时效循环过程。

9.2 创新性成果

针对高陡边坡稳定性及其设计优化等重大工程的实际需求，对边坡时效特性及其岩体变形破坏特性进行了研究。从试验上研究了边坡潜在滑移面特征、关键单元的作用及其动态路径、砂岩宏观蠕变特性和细观破坏规律，从理论上对岩体的渐进破坏特征和限制性剪切蠕变作用下的蠕变力学模型进行了研究，取得的创新性研究成果如下：

（1）运用并结合 Monte-Carlo 方法和 Weibull 统计分布，建立了岩质边坡的非均质 Flac 3D 数值模型，研究了边坡潜在滑移面上关键单元特性及其影响作用，并运用去除单元反分析法，有效地得到了边坡关键单元的动态路径。

（2）研究手段上实现了宏观和细观两个尺度上的结合，进行了砂岩剪切蠕变特性和细观裂隙扩展规律的研究。

（3）运用分形理论，二次改进了计算粗糙表面分形维数的立方体覆盖法，并验证了新方法的合理性。

（4）构建了边坡滑移力学模型，提出了一种 PFY 塑性元件模型，可表征岩石渐进式破坏特性，建立了变参数限制性剪切蠕变模型，可反映岩石内部渐进破坏特性和蠕变失稳机制。

9.3 展　望

边坡失稳滑移及其内部裂隙动态扩展演化是十分复杂的问题，主要从室内试验、数值模拟和理论分析三个方面对边坡潜在滑移面、边坡动态关键单元、岩体在剪切蠕变载荷作用下的变形破坏、裂隙扩展规律和流变力学模型做了一些研究，并得到了一些具有借鉴意义的研究成果。然而，鉴于边坡失稳滑移机理和内部岩体裂隙扩展规律的复杂性和难度，本书的研究仅仅是个起步，还需要在试验和理论上做进一步的深化研究。对于本书中出现的一些问题以及下一步的研究工作，做如下说明：

（1）从宏观、细观两个尺度上研究了砂岩在剪切蠕变载荷下的宏观变形特性和细观表面裂隙扩展演化规律，但砂岩表面裂隙演化规律远无法代表其内部和整体的损伤情况，下一步的研究应更多考虑到岩石内部的破裂情况及其整体的损伤系数的研究。

（2）以边坡关键单元受力环境分析结果为依据，进行了砂岩的限制性剪切蠕变试验，然而边坡内岩体所处环境为三轴应力：一轴剪切、两轴限制，所进行限制性剪切试验仅是单轴限制，没有考虑到侧向压力对岩体强度、变形和破坏特性产生的影响，下一步的研究应更多的考虑到两轴同时限制对岩体剪切变形的影响。

（3）以完整的砂岩试件为研究对象，开展了一系列试验研究，分析了边坡的稳定性。然而，边坡体内岩体的组成结构十分复杂，含有或多或少的节理、孔洞、裂隙或软弱结构面等缺陷，对岩体的变形特性、强度特性和破坏规律有重要影响。因此，下一步的研究应考虑到岩体内节理裂隙等缺陷的分布，研究含缺陷岩体的变形破坏特性及其对边坡稳定性的影响。

参 考 文 献

[1] 王树仁，何满潮，武崇福，等．复杂工程条件下边坡工程稳定性研究[M]．北京：科学出版社，2007：1～13.

[2] 杨天鸿，张锋春，于庆磊，等．露天矿高陡边坡稳定性研究现状及发展趋势[J]．岩土力学，2011，32(5)：1437～1444.

[3] 黄全志．边坡工程非线性分析理论及应用[M]．郑州：黄河水利出版社，2005：1～10.

[4] 舒继森．露天煤矿边坡稳定关键影响因素及边坡治理与采矿一体化方法研究[D]．徐州：中国矿业大学，2009.

[5] 徐鹏．菲律宾煤矿滑坡[EB/OL]．http：//news. xinhuanet. com/2013-02/15/c_114681471. html，2013-02-15/2013-12-20.

[6] 汤雪佳．山体滑坡导致美宾汉峡谷铜矿关闭[EB/OL]．http：//news. cableabc. com/ finance/20130413000200. html，2013-4-13/2013-12-20.

[7] 翟琳．山西交口县一露天煤矿发生滑坡[EB/OL]．http：//www. aqsc. cn/101808/ 101914/307622. html，2013-11-28/2013-12-20.

[8] 蔡美峰，何满潮，刘东燕．岩石力学与工程[M]．北京：科学出版社，2002：1～11.

[9] 赵洪宝，潘卫东．开挖对岩质边坡稳定性影响的数值模拟[J]．金属矿山，2011(7)：32～35.

[10] 赵洪宝．坡脚扰动对工作帮整体稳定性的影响[J]．金属矿山，2012(4)：47～50.

[11] Dolezalova M，Zemanova V. Interactive use of field measurements and FEM for solving an open-pit mine stability problem[J]. Proceedings of the International Symposium on Field Measurements in Geomechanics，1991(V2)：515～526.

[12] Singh V K，Dhar B B. Stability analysis of open-pit copper mine by use of numerical modeling methods[J]. Transactions of the Institution of Mining and Metallurgy，Section A：Mining Technology，1994，103：A67～A74.

[13] Griffiths D V，Fenton Gordon A. Probabilistic slope stability analysis by finite elements[J]. Journal of Geotechnical and Geoenvironmental Engineering，2004，130(5)：507～518.

[14] Yarahmadi Bafghi A R，Verdel Thierry. Sarma-based key-group method for rock slope reliability analyses[J]. International Journal for Numerical and Analytical Methods in Geomechanics，2005，29(10)：1019～1043.

[15] Mendjel D，Messast S. Development of limit equilibrium method as optimization in slope stability analysis[J]. Structural Engineering and Mechanics，2012，41(3)：339～348.

[16] 郑颖人，赵尚毅，时卫民，等．边坡稳定分析的一些进展[J]．地下空间，2001，21(4)：262～271.

[17] 郑颖人，赵尚毅，邓卫东．岩质边坡破坏机理有限元数值模拟分析[J]．岩石力学与工程学报，2003，22(12)：1943～1952.

[18] 郑颖人，赵尚毅．有限元强度折减法在土坡与岩坡中的应用[J]．岩石力学与工程学报，2004，23(19)：3381～3388.

[19] 郑颖人，赵尚毅，邓楚键，等．有限元极限分析法发展及其在岩土工程中的应用[J]．

中国工程科学，2006，8(12)：39 ~ 60.

[20] 冯夏庭，王泳嘉，丁恩保．智能化的边坡稳定性分析方法[J]．东北大学学报（自然科学版），1995，16(5)：453 ~ 457.

[21] 王庚荪．边坡的渐进破坏及稳定性分析[J]．岩石力学与工程学报，2000，19(1)：29 ~ 33.

[22] 朱大勇，丁秀丽，邓建辉．基于力平衡的三维边坡安全系数显式解及工程应用[J]．岩土力学，2008，29(8)：2011 ~ 2015.

[23] 王金安，黄琨，张然．高陡复杂露天矿边坡地应力场分区非线性反演分析[J]．岩土力学，2013，34(S2)：214 ~ 221.

[24] 李华华，赵洪宝，左建平．露天矿边坡潜在滑移面识别数值模拟[J]．煤矿安全，2014，45(6)：211 ~ 214.

[25] Toufigh M M，Ahangarasr A R，Ouria A. Using non-linear programming techniques in determination of the most probable slip surface in 3D slopes[C]. Conference of the World-Academy-of-Science-Engineering-and-Technology，Cairo，EGYPT，Ardil C，2006：30 ~ 35.

[26] Sarma S K，Tan D. Determination of critical slip surface in slope analysis[J]. Geotechnique，2006，56(8)：539 ~ 550.

[27] Xue Jian-Feng，Gavin Ken. Simultaneous determination of critical slip surface and reliability index for slopes[J]. Journal of Geotechnical and Geoenvironmental Engineering，2007，133(7)：878 ~ 886

[28] Ching Jianye，Phoon Kok-Kwang，Hu Yu-Gang. Efficient Evaluation of Reliability for Slopes with Circular Slip Surfaces Using Importance Sampling[J]. Journal of Geotechnical and Geoenvironmental Engineering，2009，135(6)：768 ~ 777.

[29] Kalatehjari Roohollah，bin Ai Nazri，Ashrafi Emad. Fiding the critical slip surface of a soil slope with the aid of particle swarm optimization[C]. 11th International Multidisciplinary Scientific GeoConference，Albena，Bulgaria，Sgem，2011：459 ~ 466.

[30] Hajiazizi M，Tavana H. Determining three-dimensional non-spherical critical slip surface in earth slopes using an optimization method[J]. Engineering Geology，2013，153：114 ~ 124.

[31] 朱大勇，钱七虎，周早生，等．岩体边坡临界滑动场计算方法及其在露天矿边坡设计中的应用[J]．岩石力学与工程学报，1999，18(5)：567 ~ 572.

[32] 朱以文，吴春秋，蔡元奇．基于滑移线场理论的边坡滑裂面确定方法[J]．岩石力学与工程学报，2005，24(15)：2609 ~ 2615.

[33] 朱以文，徐晗，蔡元奇．边坡稳定的剪切带计算[J]．计算力学学报，2007，24(4)：441 ~ 445.

[34] 张雷，张鹏，袁戟，等．边坡滑移破坏判断准则的讨论[J]．地下空间与工程学报，2009，5(5)：1044 ~ 1048.

[35] 荆志东，王春雷，谢强．基于应力影响系数法的高边坡临界滑动面研究[J]．工程地质学报，2010，18(1)：109 ~ 115.

[36] 沈银斌，朱大勇，姚华彦．基于广义 Hoek-Brown 破坏准则的边坡临界滑动场[J]岩石力学与工程学报，2011，30(11)：2267 ~ 2275.

[37] 杨光华，钟志辉，张玉成．根据应力场和位移场判断滑坡的破坏类型及最优加固位置确定[J]．岩石力学与工程学报，2012，31(9)：1880～1887.

[38] Oda M, Katsube T, Takemura T. Microcrack evolution and brittle failure of inada granite in triaxial compression tests at 140 MPa[J]. Journal of Geophysical Research-solid Earth, 2002, 107(B10).

[39] Golshani A, Okui Y, Oda M. A micromechanical model for brittle failure of rock and its relation to crack growth observed in triaxial compression tests of granite[J]. Mechanics of Materials, 2005, 38(4): 287～303.

[40] Chen ChaoShi, Tu ChiaHuei, Yang ChenCheng. Analysis of crack propagation path on the anisotropic bi-material rock[J]. Mathematical Problems in Engineering, 2010.

[41] Luis Arnaldo Mejia Camones, Euripedes do Amaral Vargas Jr, Rodrigo Peluci de Figueiredo. Application of the discrete element method for modeling of rock crack propagation and coalescence in the step-path failure mechanism[J]. Engineering Geology, 2013, 153(2): 80～94.

[42] Manouchehrian Amin, Marji Mohammad Fatehi. Numerical analysis of confinement effect on crack propagation mechanism from a flaw in a pre-cracked rock under compression[J]. Acta Mechanica Sinica, 2012, 28(5): 1389～1397.

[43] 唐春安，徐小荷．岩石破裂过程失稳的尖点灾变模型[J]．岩石力学与工程学报，1990，9(2)：100～102.

[44] 唐春安，赵文．岩石破裂全过程分析软件系统 RFPA2D[J]．岩石力学与工程学报，1997，16(5)：507～508.

[45] 尚嘉兰，孔常静，李廷芥，等．岩石细观损伤破坏的观测研究[J]．试验力学，1999，14(3)：373～383.

[46] 肖洪天，周维垣．脆性岩石变形与破坏的细观力学模型研究[J]．岩石力学与工程学报，2001，20(2)：151～155.

[47] 葛修润，任建喜，蒲毅彬，等．岩石疲劳损伤扩展规律 CT 细观分析初探[J]．岩土工程学报，2001，23(2)：191～195.

[48] 刘冬梅，蔡美峰，周玉斌，等．岩石裂纹扩展过程的动态监测研究[J]．岩石力学与工程学报，2006，25(3)：467～472.

[49] 杨圣奇，吕朝辉，渠涛．含单个孔洞大理岩裂纹扩展细观试验和模拟[J]．中国矿业大学学报，2009，38(6)：774～781.

[50] 许江，陆丽丰，杨红伟，等．剪切荷载作用下砂岩细观开裂扩展演化特征研究[J]．岩石力学与工程学报，2011，30(5)：944～950.

[51] 包春燕，唐春安，唐世斌，等．单轴拉伸作用下层状岩石表面裂纹的形成模式及其机制研究[J]．岩石力学与工程学报，2013，32(3)：474～482.

[52] Li Liang, Cheng Y M, Chu Xuesong. A new approach to the determination of the critical slip surfaces of slopes[J]. China Ocean Engineering, 2013, 27(1): 51～64.

[53] Elsoufiev S A. Ultimate state of a slope at non-linear unsteady creep and damage[J]. Slope stability Engineering, 1999, 1～2: 213～217.

[54] Cristescu N D, Cazacu O. On creep flow of natural slopes[J]. Pacific Rocks 2000: Rock

Around the Rim, 2000: 927 ~ 934.

[55] Bruckl E, Parotidis M. Prediction of slope instabilities due to deep-seated gravitational creep [J]. Natural Hazards and Earth System Sciences, 2005, 5(2): 155 ~ 172.

[56] Varga A A. Gravitational creep of rock slopes as pre-collapse deformation and some problems in its modeling[C]. NATO Advanced Research Workshop on Massive Rock Slope Failure - New Models for Hazard Assessment, Celano, ITALY, Mugnozza GS, 2002: 103 ~ 110.

[57] Baba Hamoudy Ould, Peth Stephan. Large scale soil box test to investigate soil deformation and creep movement on slopes by Particle Image Velocimetry (PIV)[J]. Soil & Tillage Research, 2012, 125(S1): 38 ~ 43.

[58] 夏熙伦，徐平，丁秀丽. 岩石流变特性及高边坡稳定性流变分析[J]. 岩石力学与工程学报, 1996, 15: 312 ~ 322.

[59] 陈有亮. 岩体高边坡滑移与失稳的力学分析[J]. 煤炭学报，2000，25(6): 598 ~ 601.

[60] 徐平，杨挺青，徐春敏. 三峡船闸高边坡岩体时效特性及长期稳定性分析[J]. 岩石力学与工程学报，2002，21(2)：163 ~ 168.

[61] 杨天鸿，芮勇勤，唐春安. 抚顺西露天矿蠕动边坡变形特征及稳定性动态分析[J]. 岩土力学，2004，25(1)：153 ~ 156.

[62] 孙钧. 岩石流变力学及其工程应用研究的若干进展[J]. 岩石力学与工程学报，2007，26(6)：1081 ~ 1104.

[63] 杨圣奇，徐卫亚，谢守益. 饱和状态下硬岩三轴流变变形与破裂机理研究[J]. 岩土工程学报，2006，28(8)：962 ~ 969.

[64] 杨圣奇，徐卫亚，杨松林. 龙滩水电站泥板岩剪切流变力学特性研究[J]. 岩土力学，2007，28(5)：895 ~ 902.

[65] 杨圣奇，倪红梅，于世海. 一种岩石非线性流变模型[J]. 河海大学学报（自然科学版)，2007，35(4)：388 ~ 391.

[66] 杨圣奇，倪红梅. 泥岩黏弹性剪切蠕变模型及参数辨识[J]. 中国矿业大学学报，2012，41(4)：551 ~ 557.

[67] 赵宝云，刘东燕，郑颖人. 红砂岩单轴压缩蠕变试验及模型研究[J]. 采矿与安全工程学报，2013，30(5)：745 ~ 747.

[68] Kostak B, Bielenstein H U. Strength distribution in hard rock[J]. International Journal of Rock Mechanics and Mining Sciences, 1971, 8(5): 501 ~ 521.

[69] 唐春安，王述红，傅宇方. 岩石破裂过程数值试验[M]. 北京：科学出版社，2003：41 ~ 42.

[70] 傅宇方. 岩石破裂过程的数值模拟研究[D]. 沈阳：东北大学，1997.

[71] 尹增谦，管景峰. 蒙特卡罗方法及应用[J]. 物理与工程，2002，12(3)：45 ~ 49.

[72] 曲双石，王会娟. Monte Carlo 方法及其应用[J]. 统计教育，2009(1)：45 ~ 55.

[73] Weibull W. A statistical distribution function of wide applicability[J]. Journal of applied mechanics, 1951, 9: 293 ~ 297.

[74] Hudson J A, Fairhurst C. Tensile strength, Weibull's theory and a general statistical approach to rock failure[C]. The Proceedings of the Southampton 1969 Civil Engineering Materials Confer-

ence（Part 2）. 1969：901～904.
[75] 唐春安．岩石破裂过程中的灾变[M]. 北京：煤炭工业出版社，1993：73～79.
[76] 张鲁渝，郑颖人，赵尚毅，等．有限元强度折减系数法计算土坡稳定安全系数的精度研究[J]. 水利学报，2003(1)：21～27.
[77] Lacroix P，Amitrano D. Long-term dynamics of rockslides and damage propagation inferred from mechanical modeling [J]. Journal of Geophysical Research-earth Surface，2013，118 (4)：2292～2307.
[78] 刘雄．岩石流变学概论[M]. 北京：地质出版社，1994：139～141.
[79] 赵洪宝，李华华，王中伟．边坡潜在滑移面关键单元岩体裂隙演化特征细观试验与滑移机理研究[J]. 岩石力学与工程学报，2015，34(5)：935～944.
[80] 海因茨·奥托·佩特根，哈特穆特·于尔根斯，迪特马尔·绍柏．混沌与分形：科学的新疆界[M]. 2 版．北京：科学出版社，2008：42～92.
[81] 谢和平．分形—岩石力学导论[M]. 北京：科学出版社，1996.
[82] 文志英，井竹君．分形几何和分维数简介[J]. 数学的实践与认识，1995(4)：20～34.
[83] 张济忠．分形[M]. 北京：清华大学出版社，1995：111～140.
[84] 齐东旭．分形及其计算机生成[M]. 北京：科学出版社，1994.
[85] 张亚衡，周宏伟，谢和平．粗糙表面分形维数估算的改进立方体覆盖法[J]. 岩石力学与工程学报，2005，24(17)：3192～3196.
[86] 周宏伟，谢和平，Kwasniewski M A. 粗糙表面分维计算的立方体覆盖法[J]. 摩擦学学报，2000，20(6)：455～459.
[87] 尹小涛，王水林，党发宁，等. CT 实验条件下砂岩破裂分形特性研究[J]. 岩石力学与工程学报，2008，27(S1)：2721～2726.
[88] 谢和平，钱平皋．大理岩微孔隙演化的分形特征[J]. 力学与实践，1995，17(1)：50～52.
[89] 谢和平，Pariseau W G. 岩爆的分形特征和机理[J]. 岩石力学与工程学报，1993，12(1)：28～37.
[90] 谢和平，高峰．岩石类材料损伤演化的分形特征[J]. 岩石力学与工程学报，1991，10(1)：74～82.
[91] 王金安，谢和平．岩石断裂表面的直接分形测量[A]. 面向国民经济可持续发展战略的岩石力学与岩石工程——中国岩石力学与工程学会第五次学术大会论文集，上海，1998.
[92] 赵洪宝，王中伟，李华华．红砂岩剪切蠕变特性试验研究与边坡失稳机理分析[J]. 金属矿山，2015(2)：145～150.
[93] 曹树刚，边金，李鹏．岩石蠕变本构关系及改进的西原正夫模型[J]. 岩石力学与工程学报，2002，21(5)：632～635.
[94] 徐卫亚，杨圣奇，褚卫江．岩石非线性黏弹塑性流变模型（河海模型）及其应用[J].

岩石力学与工程学报，2006，25(3)：433 ~ 447.

[95] 蒋昱州，张明鸣，李良权．岩石非线性黏弹塑性蠕变模型研究及其参数识别[J]．岩石力学与工程学报，2008，27(4)：832 ~ 840.

[96] 邓荣贵，周德培，张倬元，等．一种新的岩石流变模型[J]．岩石力学与工程学报，2001，20(6)：780 ~ 785.

[97] 陈沅江，潘长良，曹平，等．一种软岩流变模型[J]．中南工业大学学报（自然科学版），2003，34(1)：16 ~ 21.